*A José Luis Guijarro,
mi compañero de viaje
y a nuestros hijos,
José Luis, Manuel, Ana y Ordoño*

Manual para la prevención de la Legionella en instalaciones de riesgo

Ana Rubio García
Joaquín Gámez de la Hoz
Ana Padilla Fortes

1ª Edición

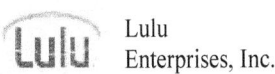

Lulu
Enterprises, Inc.

TÍTULO
Manual para la prevención de la Legionella en instalaciones de riesgo

Serie: *Científico-Técnica*

AUTORES
Ana Rubio García
Joaquín J. Gámez de la Hoz
Ana Padilla Fortes

EDITA
© Lulu Enterprises, Inc.
3101 Hillsborough St. - Raleigh, North Carolina 27607 (USA)
Telephone: +1 919.447.3290
Email: pr@lulu.com
www.lulupresscenter.com

ISBN: 978-1-291-32125-8
DEPÓSITO LEGAL: MA 235-2013
Impreso en España / *Printed in Spain*

Reservados todos los derechos.
Queda prohibida, cualquier forma de reproducción, distribución, comunicación pública y transformación total ni parcial del contenido de este libro sin contar con la autorización expresa por escrito del titular de la propiedad intelectual: La infracción de los derechos mencionados puede ser constitutiva de delito contra la propiedad intelectual (arts. 270 y ss. Código Penal).

FICHA CATALOGRÁFICA
RUBIO GARCÍA, Ana. Manual para la prevención de la Legionella en instalaciones de riesgo /[autores: Ana Rubio García, Joaquín J Gámez de la Hoz, Ana Padilla Fortes]. -1ª Ed. [Córdoba], 2013 Nº pág: 132, ilustraciones (c/bn); (24 cm) ISBN: 978-1-291-32125-8 Descriptores: Legionella. Riesgo. Legionelosis. Vigilancia. Salud Pública. Salud Ambiental.

Este libro es una obra unitaria no periódica que se compone de 132 páginas, sin incluir las de cubierta, contiene un índice, 6 capítulos y bibliografía, ajustada a la definición de libro propuesta por la UNESCO (1964) sobre recomendaciones para publicaciones.

Ana Rubio García, Pozoblanco, Córdoba (1967). Licenciada en Farmacia por la Universidad de Granada, Master en Salud Pública y Gestión Sanitaria, Experta en Gestión Ambiental de Centros Sanitarios. Trabaja como Experta en Sanidad Ambiental del Cuerpo Superior de Técnicos de Salud de Atención Primaria del Servicio Andaluz de Salud, ha participado activamente en actividades y programas de Salud Ambiental, coopera en el Plan de acción Agenda 21, sector Agua de la ciudad de Córdoba, ha dirigido el Grupo de Trabajo para el control de Legionella en Hospitales en el III Plan Andaluz de Salud de la Junta de Andalucía. Coordinadora de los servicios de inspección de sanidad ambiental en el área Norte de la provincia y en la capital de Córdoba. Presidenta y cofundadora de la Asociación Andaluza de Sanidad Ambiental.

Ana Padilla Fortes, Málaga (1966). Licenciada por la Universidad de Málaga. Es Experta en Dirección y Gestión de Servicios de Prevención y Salud Laboral. Trabaja como Prevencionista del Servicio Andaluz de Salud. Especialista en Seguridad en el Trabajo, Higiene Industrial, Ergonomía y Psicosociología aplicada. Es asesora del Comité de Seguridad y Salud del Complejo Hospitalario Carlos Haya y del Distrito Sanitario Málaga. Ha conseguido la acreditación de Unidades de Gestión Clínica por la Agencia de Calidad Sanitaria de Andalucía en indicadores de prevención de riesgos laborales. Tiene una amplia experiencia profesional en Salud Laboral y Seguridad en el Trabajo en la empresa privada. Ha sido docente en la Fundación Laboral de la Construcción y en el máster de técnico superior en prevención de riesgos laborales del Instituto Andaluz de Administración Pública.

Joaquín Gámez de la Hoz, Málaga (1966). Licenciado en Biología por la Universidad de Málaga. Trabaja como Experto en Sanidad Ambiental del Cuerpo Superior de Técnicos de Salud del Servicio Andaluz de Salud, donde ha sido miembro de la Comisión Consultiva de Gestión Ambiental. Durante más de 15 años ha estado comprometido en el desarrollo de programas de salud ambiental en la provincia de Málaga. Ha trabajado como coordinador de los servicios inspección sanitaria del Distrito Coin-Guadalhorce en Málaga. Ha sido asesor del Ministerio Fiscal en delitos contra la salud pública. Es autor de numerosos artículos en revistas científico-técnicas y ha participado en Congresos de la Sociedad Española de Sanidad Ambiental.

INDICE

INTRODUCCIÓN 9

CAPÍTULO 1: Actualización normativa nacional y autonómica con relación a la prevención y control de la legionelosis, prevención de riesgos para la salud ambiental y ocupacional.

1.1. Actualización normativa nacional y autonómica en relación con la legionelosis 13
1.2. Prevención de riesgos laborales 19
1.3. Reglamento de instalaciones térmicas en los edificios 23
1.4. Normativa sobre Biocidas. Aspectos relevantes 26

CAPÍTULO 2: Buenas prácticas de limpieza y desinfección. Novedades en el diseño y mantenimiento de las instalaciones. Sistemas físicos y físico-químicos. Registro de actuaciones.

2.1. Tratamientos más comunes 31
2.2. Medidas preventivas 34
2.3. Programas de mantenimiento 36
2.4. Registro de las operaciones realizadas 37

CAPÍTULO 3: Metodología de análisis de peligros y puntos críticos de control en instalaciones de riesgo de legionelosis. Evaluación del riesgo.

3.1. Criterios generales de prevención 41
3.2. Diagrama de flujo del proceso y descripción de las etapas a las que se somete el agua 42
3.3. Identificación de peligros 45

3.4. Límites críticos ... 45
3.5. Medidas preventivas o acciones correctoras ... 46
3.6. Verificación del plan de autocontrol ... 50
3.7. Sistemas de registro ... 51
3.8. Ventajas del sistema de autocontrol basado en el APPCC ... 51
3.9. Resumen de metodología ... 52
3.10. Evaluación del riesgo de la instalación ... 52

CAPÍTULO 4: Mantenimiento higiénico-sanitario de instalaciones con mayor probabilidad de proliferación y dispersión de Legionella. Estructura, prevención y control. Guías técnicas.

4.1. Torres de refrigeración ... 58
4.2. Condensadores evaporativos ... 65
4.3. Circuitos de agua caliente con retorno ... 67
4.4. Sistema de agua caliente sanitaria ... 69
4.5. Bañeras y piscinas de hidromasaje de uso ... 83
4.6. Piscinas con recirculación de uso colectivo ... 85
4.7. Recogida de muestras para aislamiento de Legionella ... 86

CAPÍTULO 5: Mantenimiento higiénico sanitario de instalaciones con menor probabilidad de proliferación y dispersión de Legionella. Estructura, prevención y control. Guías técnicas.

5.1. Humidificadores y humectadores ... 90
5.2. Equipos de enfriamiento evaporativo ... 93
5.3. Sistema de agua fría de consumo humano ... 95
5.4. Fuentes ornamentales ... 102
5.5. Respiradores, nebulizadores y otros equipos de terapia respiratoria ... 102
5.6. Sistemas de riego por aspersión ... 103
5.7. Sistemas de agua contra incendios ... 107
5.8. Sistemas de refrigeración por aerosolización al aire libre ... 107

CAPÍTULO 6: Medidas de protección individual y colectivas en prevención de riesgos laborales frente a la legionelosis

6.1. Equipamientos Utilización de escaleras y trabajos en altura: Caídas de personas a distinto nivel. Contactos eléctricos 114
6.2. Caídas de personas al mismo nivel/pisadas sobre objetos/atropellos o golpes con vehículos 115
6.3. Carga osteomuscular: Sobreesfuerzo físico 117
6.4. Colocación de equipos que contengan biocidas: Exposición a contactos eléctricos / Atrapamientos máquinas 118
6.5. Trabajo en espacios confinados: Riesgo de asfixia. Riesgo de incendio o explosión. Riesgo por intoxicación 119
6.6. Contacto/inhalación sustancias tóxicas o peligrosas 121
6.7. Primeros auxilios en casos de emergencia 123
6.8. Transporte de sustancias químicas 124

Bibliografía 127

INTRODUCCIÓN

La contaminación ambiental por la bacteria Legionella es una amenaza significativa para la salud pública. En los últimos años se ha producido un gran avance en el conocimiento científico-técnico en este campo, así como un notable desarrollo legislativo cada vez más exigente, orientado a la prevención y control de la legionelosis.

La Legionelosis es una enfermedad respiratoria que cursa como neumonía aguda y representa el 8-13% de las producidas en el ámbito comunitario. La infección normalmente es adquirida por la aspiración e inhalación de aerosoles contaminados por el patógeno Legionella, que son generados en diversos sistemas artificiales, industriales y domésticos, creados por el hombre.

La prevención de los riesgos de proliferación de la legionelosis se ejerce mediante la gestión y controles estrictos sobre las actividades potencialmente diseminadoras de la Legionella.

La gestión de las instalaciones hace referencia al funcionamiento y supervisión de los equipos, componentes, procedimientos y actividades de las infraestructuras que llevan asociadas la producción de agua aerosolizada capaz de dispersar la Legionella. El papel de la gestión es planificar, organizar y definir sistemas de trabajo seguros, implantar, vigilar y revisarlos.

El objetivo de la evaluación del riesgo de propagación de la legionelosis será examinar los aspectos del funcionamiento de las instalaciones involucradas que podrían producir impacto en la salud pública.

Con base en la evaluación regular de los riesgos, los titulares de las instalaciones deben adoptar medidas razonables para garantizar la seguridad de las personas, tomando en consideración los riesgos valorados así como las restricciones impuestas por factores técnicos y normativos.

La presente publicación se ha diseñado para proporcionar advertencias e información práctica a los operadores técnicos de instalaciones implicados en el control y prevención de la enfermedad de la legionelosis.

Autores

Ana Rubio García
Joaquín Gámez de la Hoz
Ana Padilla Fortes

CAPÍTULO 1

ACTUALIZACIÓN NORMATIVA NACIONAL Y AUTONÓMICA CON RELACIÓN A LA PREVENCIÓN Y CONTROL DE LA LEGIONELOSIS, PREVENCIÓN DE RIESGOS PARA LA SALUD AMBIENTAL Y OCUPACIONAL.

Autores

Ana Rubio García
Joaquín Gámez de la Hoz
Ana Padilla Fortes

1.1. Actualización normativa nacional y autonómica en relación con la legionelosis
1.2. Prevención de riesgos laborales
1.3. Reglamento de instalaciones térmicas en los edificios
1.4. Normativa sobre Biocidas. Aspectos relevantes

1. **Actualización normativa nacional y autonómica con relación a la prevención y control de la legionelosis, prevención de riesgos para la salud ambiental y ocupacional.**

1.1. **Actualización normativa nacional y autonómica en relación con la legionelosis.**

La protección del medio ambiente es esencial para garantizar la calidad de vida de las generaciones actuales y futuras. El reto radica en combinarla con un crecimiento económico continuo y sostenible a largo plazo y, con la perspectiva del cambio climático, ese reto se hace aún más acuciante. La política de medio ambiente de la Unión Europea se funda en la convicción de que unas normas ambientales rigurosas estimulan las oportunidades de innovación y negocio y de que debe relacionarse estrechamente con la política económica y social.

La preocupación de la interrelación entre medioambiente y salud que venía existiendo años atrás, se ha incrementado y prueba clara de ello son los numerosos estudios que han aparecido últimamente de búsqueda de relación causa-efecto entre variables ambientales y problemas de salud en el grupo de población infantil, ya que desde el punto de vista sanitario se trata de un grupo de riesgo y por tanto uno de los primeros en detectar la pérdida de salud y servir de voz de alarma para el diseño de intervenciones en Salud Pública.

El biocontaminante Legionella, en los últimos diez años, ha sido el responsable de brotes epidemiológicos con morbi-mortalidad asociada, que han provocado una alta preocupación social, siendo a veces, incluso con una baja incidencia, causantes de repercusión y alarma social muy elevada. Esto ha constituido la apertura de campos de trabajo y regulación en los últimos años en todos los países miembros de la Unión Europea.

Existe un interés internacional por esta bacteria de lo que es fiel reflejo la multitud de organismos internacionales de prestigio, como la Universidad de Pittsburg, Centers for Disease Control and Prevention

(CDC), etc donde se recogen datos de morbi-mortalidad, guías-protocolo, recomendaciones para la prevención en hospitales, etc.

De acuerdo con los planteamientos establecidos en la UE, donde la mayoría de los casos de legionelosis están producidos por *Legionella pneumophila serogrupo I*, entre las líneas de actuación prioritarias para disminuir los efectos perjudiciales para la salud relacionados con determinados factores medioambientales, se señala *"Prevenir los riesgos ligados a las instalaciones de riesgo en la transmisión de ciertas enfermedades como la legionelosis"*.

Las conclusiones de los expertos e instituciones se dirigen hacia la formulación de propuestas dirigidas a la integración de políticas sanitaria y ambiental y a la adopción de decisiones y actuaciones conjuntas que den, coordinadamente, respuesta a estos problemas. Así lo reconoce la Comisión de las Comunidades Europeas, que en su Comunicación de 11 de junio de 2003 al Consejo, al Parlamento europeo y al Comité económico y social europeo, plantea la necesidad de establecer una nueva Estrategia europea de medio ambiente y salud con un enfoque más integrador. Esta estrategia, también denominada iniciativa SCALE (acrónimo inglés de *Science, Children, Awareness, Legal instrument, Evaluation*), tiene por objeto profundizar en los conocimientos sobre la compleja interacción entre el medio ambiente y la salud con objeto de adoptar medidas que reduzcan la incidencia de los factores medioambientales en la salud de las personas.

En España, la preocupación por el control de este biocontaminante, aparece por parte de la Comisión de Salud Pública del Sistema Nacional de Salud, cuando en su reunión del día 24 de abril de 1997, aprobó encargar a la Ponencia de Sanidad Ambiental la elaboración de unos criterios técnico-sanitarios que unificaran las actuaciones de las autoridades sanitarias para la prevención y control de la legionelosis.

La Ponencia de Sanidad Ambiental, en su reunión de 10 de diciembre de 1997, asumió esta tarea y organizó un Grupo de Trabajo, cuya misión fue la redacción de unas recomendaciones homogéneas y consensuadas para prevenir y controlar la transmisión de legionelosis a partir de instalaciones que generan aerosoles en su funcionamiento. El Grupo de Trabajo que elaboró estas recomendaciones ha sido coordinado por la Subdirección General de Sanidad Ambiental del Ministerio de Sanidad y Consumo, y en él participaron expertos en microbiología, epidemiología y sanidad ambiental del Instituto de Salud Carlos III (Centros Nacionales de Microbiología y de Epidemiología), de la citada Subdirección General de Sanidad

Ambiental y de las siguientes CCAA: Andalucía, Baleares, Cataluña, Canarias, Castilla-León, Galicia, Madrid, Murcia, Navarra, País Vasco y Comunidad Valenciana.

Según las conclusiones extraídas de la I Jornada sobre prevención y control de legionelosis, organizadas por la Sociedad Española de Sanidad Ambiental (SESA) en el último semestre de 2006 debemos resaltar:

1. La legionelosis es un problema de salud pública en nuestro país que presenta las tasas más altas de la Unión Europea y es capaz de seguir despertando entre la ciudadanía una gran alarma social, a pesar de que su magnitud es mucho menor que la de otras enfermedades como la tuberculosis, los brotes de origen alimentario, etc.

2. Desde un punto de vista microbiológico puede afirmarse que Legionella es una bacteria "joven" de la que no se conocen muchos aspectos que podrían desempeñar un papel relevante en el abordaje de acciones preventivas más efectivas.

Por ello, se deben impulsar estudios que permitan conocer su relación con las amebas, con otras bacterias presentes en el agua y con el biofilm, la dosis infectante y el poder infectante de las vesículas que liberan estas amebas, el papel que desempeñan los parámetros de calidad del agua (pH, salinidad, turbidez, etc.), las condiciones meteorológicas y geográficas que facilitan la difusión y dispersión de los aerosoles, los valores de aerobios totales que pueden actuar como indicadores de presencia de Legionella, la efectividad de los biocidas, las indicaciones y limitaciones de las técnicas PCR en la vigilancia, etc.

En Andalucía todas estas inquietudes se han trasladado hasta conformar una estrategia específica para la prevención y control de la legionelosis, prueba de ello es la aparición en planes de la comunidad autónoma, procesos estratégicos, líneas de acción, etc.

En el II Plan de Calidad de la Consejería de Salud de Andalucía, recoge en su proceso estratégico III: Garantizar la calidad de las políticas en Salud Pública; Proceso Clave: Impulsar la calidad de las políticas de protección que tiene como objetivo realizar la evaluación del riesgo en el ámbito de la salud ambiental. Al igual que el III Plan Andaluz de Salud 2003-2008, entre sus líneas prioritarias de

Actuación, contempla proteger y proporcionar seguridad ante los riesgos para la salud, concretamente en el medio ambiente entre otros en su objetivo 11, B) 3. Control de las instalaciones relacionadas con el riesgo de transmisión de la legionelosis

En el Plan Andaluz de Salud Ambiental 2008-2012, recientemente publicado, aparece como uno de los principios generales, mejorar la protección de la salud frente a factores ambientales identificados, planteando como una de sus áreas temáticas: <u>Reducir la tasa de enfermedades infecciosas relacionadas con instalaciones de riesgo, especialmente la legionelosis,</u> a través de las siguientes acciones:

-Mejorar el funcionamiento y el control sanitario de las instalaciones de riesgo sanitario, mejorar los instrumentos de coordinación entre los distintos órganos administrativos con competencias en materia de control de instalaciones y reforzar la colaboración con los sectores empresariales, mejorar la información sanitaria sobre instalaciones de riesgo destinada a la población, empresas e instituciones, impulsar la formación del personal de las empresas responsables del mantenimiento de instalaciones de riesgo, apoyar la formación y mejorar la intervención de los profesionales implicados en al investigación de brotes de legionelosis.

Haciendo un análisis de la normativa reguladora en materia de Salud y Medio Ambiente de nuestro país y comunidad autónoma, relacionada con el tema de la legionelosis y su prevención podemos enumerar:

- Artículos 43 y 45 de la <u>Constitución Española</u>, en ellos se reconoce respectivamente el derecho a la salud de los ciudadanos y el derecho a disfrutar de un medio ambiente adecuado como condición indispensable para el desarrollo de la persona, al tiempo que establece que quienes incumplan la obligación de utilizar racionalmente los recursos naturales y la de conservar la naturaleza estarán obligados a reparar el daño causado con independencia de las sanciones administrativas o penales que también correspondan.
- Los artículos 22 y 28 del <u>Estatuto de autonomía de Andalucía</u>, reconocen la protección a la Salud mediante un sistema sanitario público de carácter universal y el derecho de todas las personas a vivir en un medio ambiente equilibrado, sostenible, saludable, así como a disfrutar de los recursos naturales, del entorno y el paisaje en condiciones de igualdad.

- Real Decreto 865/2003 por el que se establecen los criterios higiénico-sanitarios para la prevención y control de la legionelosis.
- Decreto 287/2002 por el que se establecen medidas para el control y la vigilancia higiénico-sanitaria de instalaciones de riesgo en la transmisión de la legionelosis y se crea el registro Oficial de Establecimientos y Servicios Biocidas de Andalucía.
- Orden SCO/317/2003 por la que se regula el procedimiento de homologación de los cursos de formación del personal de mantenimiento de las instalaciones.
- Real Decreto 1223/2010, de 1 de octubre, por el que se complementa el Catálogo Nacional de Cualificaciones Profesionales, mediante el establecimiento de tres cualificaciones profesionales correspondientes a la Familia Profesional Seguridad y Medio Ambiente.
- Orden de 2 de julio de 2004, por la que se regulan los cursos de formación del personal que realiza operaciones de mantenimiento higiénico-sanitario de las instalaciones objeto del Real Decreto 865/2003, de 4 de julio, por el que se establecen los criterios higiénico-sanitarios para la prevención y control de la legionelosis.
- UNE 100030:2005 IN: Guía para la prevención y control de la proliferación y diseminación de Legionella en instalaciones. Según el artículo 6 del Real Decreto 865/2003 se tendrá en cuenta lo establecido en esta norma con **carácter complementario**. Por tanto, para aquellos aspectos no regulados en la normativa estatal o autonómica, se podrá exigir lo establecido en esta norma UNE.
- Guía técnica para la prevención y control de la legionelosis en instalaciones objeto del ámbito de aplicación del Real Decreto 865/2003. Documento elaborado por el Ministerio de Sanidad y Consumo con carácter de *recomendaciones sanitarias*, no tiene rango normativo.
- Real Decreto 2210/95 de 28 de Diciembre, por el que se crea la Red Nacional de Vigilancia Epidemiológica
- Decreto 66/1996 de 13 de febrero por el que se constituye en la Comunidad Autónoma de Andalucía el Sistema de

Vigilancia Epidemiológica y se Determinan las normas del mismo.
- Orden de 19 de Diciembre de 1996 por la que se desarrolla el sistema de Vigilancia Epidemiológica de Andalucía y se establece la relación de Enfermedades de Declaración Obligatoria.
- Resolución RSC 36/99 (16-6) sobre Sistema de Vigilancia Epidemiológica en Asistencia Especializada.
- Decreto 60/2012, de 13 de marzo, por el que se regulan los establecimientos y servicios biocidas de Andalucía y la estructura y funcionamiento del Registro Oficial de Establecimientos y Servicios Biocidas de Andalucía.
- Real Decreto 1054/2002, de 11 de octubre, por el que se regula el proceso de evaluación para el registro, autorización y comercialización de biocidas
- Decreto 161/2007, de 5 de junio, por el que se establece la regulación de la expedición del carné para las actividades relacionadas con la utilización de productos fitosanitarios y biocidas.
- Real Decreto 830/2010, de 25 de junio, por el que se establece la normativa reguladora de la capacitación para realizar tratamientos con biocidas.
- Real Decreto 1027/2007, de 20 de julio, por el que se aprueba el Reglamento de Instalaciones Térmicas en los Edificios.
- Real Decreto 314/2006, de 17 de marzo, por el que se aprueba el Código Técnico de la Edificación.

Si bien es cierto que cada día encontrar más artículos donde se relacione la legionelosis y el medio ambiente es más común, se ha excluido de este marco legal la Ley 26/2007, de 23 de octubre, de Responsabilidad Medioambiental, porque en su preámbulo contempla que los daños al aire y los denominados daños tradicionales, es decir los daños a las personas y a sus bienes (salvo que estos últimos constituyan un recurso natural), quedan excluidos.

1.2. Prevención de riesgos laborales

La prevención de riesgos laborales en el mantenimiento higiénico-sanitario de instalaciones de riesgo en la transmisión de legionelosis se puede analizar desde dos puntos de vista:

- Riegos Generales.
- Riesgos Específicos.

1. RIESGOS GENERALES

Los riesgos generales son los que se pueden identificar teniendo en cuenta el lugar de trabajo concreto en el que se desarrollan estas actividades, así como en el uso de diferentes equipos de trabajo y medios auxiliares.

Estos riesgos se deben definir a priori en la evaluación de riesgos laborales preceptiva a realizar por un técnico de prevención acreditado. Habrá tantas evaluaciones de riesgos como lugares de trabajo en los que se desarrollen estas actividades. No obstante, se proponen varios ejercicios prácticos para que el alumnado tenga una idea de varias situaciones. Estos ejercicios son la evaluación de riesgo de:

1. Tratamiento de torres de refrigeración y condensadores evaporativos.
2. Limpieza y desinfección de aljibe (enterrado).
3. Tratamiento de instalaciones interiores de ACS y AFCH.
4. Tratamiento en piscinas de hidromasaje de uso colectivo.
5. Limpieza y desinfección de depósito de agua en altura.

Se hace necesario destacar que algunos de los trabajos que engloba el mantenimiento analizado se pueden enmarcar en "trabajos en espacios confinados", para ello se anexa la "NTP 223: Trabajos en recintos confinados".

Al mismo tiempo se tiene que tener en cuenta que será imposible prescindir de algún equipo de protección individual. Para la elección del equipo adecuado se debe consultar la Guía Técnica sobre equipos de protección individual, editada por el INSHT y que se encuentra en el CD-ROM adjunto al presente libro, con documentación complementaria.

2. RIESGOS ESPECIFICOS

Definimos estos riesgos como aquellos intrínsecos al propio trabajo de mantenimiento higiénico-sanitario de instalaciones de riesgo en la transmisión de legionelosis e independientes del lugar de trabajo en el que se desarrollen.

Estos riesgos son:
- **Riesgo Químico:** por el simple hecho de utilizar productos químicos (BIOCIDAS).
- **Riesgo Biológico:** Al ser la Legionella una bacteria entra en la definición de riesgo biológico, sin menoscabo de la mención expresa en el Real Decreto 865/2003, en su artículo 9, la obligatoriedad de cumplir con el Real Decreto 664/1997, de 12 de mayo, sobre protección de los trabajadores contra los riesgos relacionados con la exposición a agentes biológicos durante el trabajo.

2.1. Riesgo Químico

Respecto a este riesgo nos remitimos a las fichas de datos de seguridad de cada producto. Para saber que información ha de venir en la ficha se anexan dos documentos de interés, a saber:

1. NTP 459: peligrosidad de productos químicos: etiquetado y ficha de datos de seguridad.
2. Guía Básica de etiquetado y fichas de datos de seguridad.

No obstante lo anterior, en el CD-ROM, en la carpeta PRL se puede encontrar la Guía Técnica para la evaluación y prevención de los riesgos presentes en los lugares de trabajo relacionados con agentes químicos.

Independientemente de lo expuesto, se relacionan una serie de recomendaciones sobre la utilización de productos de limpieza y sobre trabajos de desinfección:

A) <u>Utilización de productos de limpieza químicos:</u>

Existe una gran variedad de productos de limpieza cuya composición química empleada en ellos comporta una serie de riesgos, derivados de su manipulación, que pueden ocasionar lesiones por quemaduras por contacto, salpicaduras / proyecciones a los ojos, inhalación de vapores corrosivos e irritantes, hacia la persona que los utiliza.

- Antes de la utilización de cualquier producto, lea detenidamente su etiqueta e indicaciones de peligro y cumpla con todos los consejos de seguridad y recomendaciones que se indiquen.
- No utilice los envases vacíos para otros propósitos. Guarde siempre los envases originales y, cuando ello no sea posible, los nuevos envases se etiquetarán convenientemente indicando el nombre del producto y las recomendaciones de seguridad a adoptar.
- Mantenga los envases convenientemente cerrados. En caso de derrames límpielos inmediatamente. Mantenga alejados estos productos de los alimentos y bebida.
- Utilice los equipos de protección individual que le hayan sido indicados para evitar el contacto de los productos químicos con los ojos, manos y vías respiratorias.
- Nunca pruebe los productos químicos ni inhale directamente de un recipiente con vistas a su identificación.
- Recuerde que la peligrosidad de cada sustancia está simbolizada en la etiqueta del producto utilizado mediante un símbolo negro sobre fondo amarillo / naranja.

B) Trabajos de desinfección de pequeñas áreas y locales:

- No utilice ningún plaguicida cuyo envase no esté debidamente precintado y etiquetado.
- Mantenga siempre los productos en sus envases originales.
- No toque los productos con las manos y evite que le salpique, en cuyo caso lávese rápidamente con agua y jabón.
- Utilice los equipos de protección individual que le hayan indicado durante los trabajos.
- No debe fumar, comer ni beber durante la manipulación de estos productos. Al finalizar el tratamiento, lávese con agua y jabón y en caso de ser necesario cámbiese de ropa antes de iniciar cualquier otra actividad. Preferiblemente las operaciones de fumigación es aconsejable programarlas para que se realicen en la primera o última hora del trabajo y, en

todo caso, antes de ocupar el local se esperará un tiempo prudencial que garantice su completa ventilación.

2.2. Riesgo Biológico

Respecto a este riesgo laboral nos remitimos a la documentación aportada:

1. NTP 571: Exposición a agentes biológicos: Equipos de Protección Individual.
2. Guía Técnica para la Evaluación y Prevención de los riesgos relacionados con la Exposición a Agentes Biológicos. Se encuentra en la carpeta PRL del CD de documentación complementaria.

Se tiene que tener en cuenta que la vía de entrada de la Legionella es la respiratoria, por lo que respecto de este riesgo se tiene que tener claro que el equipo de protección individual a utilizar por el trabajador ha de ser: mascarilla de protección de vías respiratorias.

La NTP 571 recomienda filtros P3 (alta eficacia frente a partículas sólidas y aerosoles líquidos) conectados a un adaptador facial (máscara o mascarilla), aunque advierta que "esta afirmación no está en ningún momento contemplada específicamente en el campo de aplicación de las normas EN 143 y EN 149.

INDICACIONES, DAÑOS Y PRIMEROS AUXILIOS

Frente al accidente de trabajo con lesiones, la actuación del socorrista en materia de primeros auxilios consistirá en evitar que el lesionado empeore, en sus condiciones, desde que se accidenta hasta que es atendido por el personal sanitario.

Para ello es necesario que siga estos tres pasos:

1. Hágase cargo rápidamente de la situación: Para ello tome el mando y mantenga la calma y tranquilidad en todo momento. Busque los riesgos persistentes y elimine las causas.
No haga más de lo imprescindible para socorrer al lesionado sin arriesgarse.

2. Solicite ayuda urgente: Llame Vd. Mismo, o haga que alguien lo haga, a seguridad o centralita, para que avisen al personal sanitario o socorrista especialista en primeros auxilios, para que atienda al lesionado.

3. Socorra al lesionado: Después de un examen rápido del herido actúe:

- La hemorragia y falta de respiración deben ser tratados con máxima prioridad.
- Los heridos que permanezcan inconscientes deben ser colocados en posición lateral de seguridad.
- Las heridas y quemaduras deben ser protegidas.
- Las fracturas deben ser inmovilizadas.
- Abrigue ligeramente al lesionado y tranquilícelo.
- RECUERDE: No mover violentamente al herido y no darle de beber o comer.

GESTION DE ENVASES Y RESIDUOS

En este apartado en general nos remitimos al punto 13 de cada ficha de datos de seguridad de cada producto utilizado, en el cual se debe informar sobre la manera de manipular sin peligro el producto a eliminar (tanto los excedentes del producto químico como los residuos resultantes de su uso previsible), indicando además los métodos apropiados de eliminación tanto del producto como de sus envases.

No obstante, hay que tener en cuenta que los residuos peligrosos se tienen que ceder a un Gestor autorizado, Al mismo tiempo, se ha de tener en cuenta que la Ley 10/1998 de residuos, indica que los envases de residuos peligrosos también son residuos peligrosos.

1.3. Reglamento de instalaciones térmicas en los edificios (RITE)

Una mención especial requiere el RITE de 2007, donde las aportaciones con respecto al anterior de 1998, no sólo son relevantes, sino que constituyen un cambio de filosofía, presentándose en su preámbulo como una norma de especial carácter y preocupación medioambiental, debiéndose destacar:

1. APOYO A PLANES NACIONALES

El nuevo Reglamento de instalaciones térmicas en los edificios (RITE) es una medida de desarrollo del Plan de acción de la estrategia de ahorro y eficiencia energética en España (2005-2007) y del Plan de fomento de las energías renovables (2000-2010), fomentando una mayor utilización de la energía solar térmica sobre todo en la producción de agua caliente sanitaria.

2. ESTABLECE REQUISITOS EN LUGAR DE IMPOSICIONES TÉCNICAS

Su enfoque está basado en prestaciones u objetivos, es decir, expresando los requisitos que deben satisfacer las instalaciones térmicas sin obligar al uso de una determinada técnica o material. No impidiendo la introducción de nuevas tecnologías y conceptos en cuanto al diseño, frente al enfoque tradicional de reglamentos prescriptivos que consisten en un conjunto de especificaciones técnicas detalladas que presentan el inconveniente de limitar la gama de soluciones aceptables e impiden el uso de nuevos productos y de técnicas innovadoras.

Una clara evidencia de ello, es el menor número de ITE.

1.- RITE 1998:

ITE01. GENERALIDADES.
ITE02. DISEÑO.
ITE03. CÁLCULO.
ITE04. EQUIPOS Y MEDIDAS.
ITE05. MONTAJE.
ITE06. PRUEBAS, PUESTA EN MARCHA Y RECEPCIÓN.
ITE07. DOCUMENTACIÓN.
ITE08. MANTENIMIENTO.
ITE09. INSTALACIONES INDIVIDUALES.
ITE10. INSTALACIONES ESPECÍFICAS.
ITE11. INSTALADORES Y MANTENEDORES.

2.- <u>RITE 2007</u>:

ITE01. DISEÑO Y DIMENSIONADO.
ITE02. MONTAJE.
ITE03. MANTENIMIENTO Y USO.
ITE04. INSPECCIÓN. (Esta ITE además no es de instalaciones)

3. RECOGE CRITERIOS DE EFICIENCIA ENERGÉTICA, SEGURIDAD Y SALUD

Establece el marco para la eficiencia energética y condiciones de seguridad que deben cumplir las instalaciones térmicas en los edificios para atender la demanda de bienestar e higiene de las personas.

4. RECOGE REQUISITOS DE CARÁCTER AMBIENTAL

1- Mejora de la calidad del aire y elementos en la lucha contra el cambio climático
- Se tienen en cuenta los productos de la combustión obligando a la evacuación por cubierta.
- Fomenta la instalación de calderas con emisiones menos contaminantes y de acuerdo con tratados comunitarios

2- Ahorro de energía
- Reglamentariamente a través del Código Técnico de la Edificación.
- Rendimiento de las instalaciones térmicas asegurando la eficiencia energética de los edificios

   I. Fijando los requisitos mínimos de eficiencia energética que deben cumplir las instalaciones térmicas de los edificios nuevos y existentes y un procedimiento de inspección periódica de calderas y de los sistemas de aire acondicionado.

   II. Estableciendo una fecha límite para la instalación en el mercado español de calderas por debajo de un rendimiento energético mínimo y se prohíbe la utilización de combustibles sólidos de origen fósil.

5. APARECE LA INSPECCIÓN COMO UN ASPECTO RELEVANTE

Prueba de ello es la ITE04

1.4. Normativa sobre Biocidas. Aspectos relevantes

El Real Decreto 1054/2002, de 11 de octubre, que regula el proceso de evaluación para el registro, autorización y comercialización de biocidas, antes conocidos como plaguicidas no agrícolas, tiene como objetivo garantizar que la comercialización y uso de los productos biocidas se realiza con el más alto nivel de protección para la salud humana. El uso de estos productos suele estar destinado al control de los organismos perjudiciales para la salud humana y de los animales, así como para el control de los productos naturales o manufacturados. Además, los biocidas permiten conservar y mantener la calidad, durabilidad y seguridad de numerosos productos usados en los ámbitos doméstico, laboral e industrial.

La principal función de los biocidas es preventiva ya que reduce el daño y los riesgos que los microorganismos (bacterias, virus, hongos) pueden suponer para las personas. Sin embargo, los biocidas pueden implicar algunos riesgos para la salud humana, los animales y el medio ambiente. Para evitar que esto suceda, el Real Decreto prevé controlar 23 tipos de productos.

Entre ellos se incluyen los biocidas utilizados para la higiene humana, los desinfectantes del aire, superficies y equipos que estén en contacto con los alimentos, desinfectantes para el agua potable, aguas de baño, sistemas de aire acondicionado, insecticidas y conservantes para productos envasados, entre otros.

Hasta ahora, una parte de estos productos, como los utilizados en la industria alimentaria, eran evaluados y autorizados por la Dirección General de Salud Pública. Con la publicación del nuevo Real Decreto, se intenta actualizar y mejorar la legislación nacional existente, teniendo en cuenta así actuaciones derivadas de los últimos conocimientos científico-técnicos. A partir de aquí, el Ministerio de Sanidad y Consumo autorizará los productos que superen los máximos niveles de seguridad y eficacia para hacer compatible la utilización de estos productos con la protección sanitaria de las personas que los manipulan o utilizan.

Esta normativa supuso la transposición de la Directiva que regula la autorización y la puesta en el mercado de los productos biocidas y las materias activas de que están compuestos, se publicó el 14 de Mayo de 1998 y entró en vigor el 14 de mayo de 2000.

Se denominan Biocidas a aquellas sustancias activas y preparados que contienen una o más sustancias activas, presentados en la forma en que son suministrados al usuario, destinados a destruir, contrarrestar, neutralizar, impedir la acción o ejercer el control de otro tipo sobre cualquier organismo nocivo por medios químicos o biológicos.

El objetivo de la Directiva es:
- garantizar un algo grado de protección para la salud de las personas.
- minimizar los riesgos medio ambientales.
- armonizar a nivel de la Unión Europea los requisitos de autorización nacionales para los biocidas.
- conseguir el reconocimiento mutuo de productos autorizados.
- establecer una lista de materias activas que pueden utilizarse en los productos biocidas.

La Directiva utiliza el riesgo como base de evaluación y decisión sobre las materias activas - productos biocidas, Anexo I, por lo que la entrada ha de realizarse por tipo de producto.

La Directiva define 23 tipos de productos, Anexo V, por ejemplo:
- Producto tipo 8: Protectores de la madera.

Temas interesantes que incluye la Directiva:
   A.- Definiciones:
     - Materias activas:
     - Productos biocidas.
   B.- Procedimiento para la autorización.

Esta Directiva, ha sido transpuesta a nuestro ordenamiento jurídico mediante el Real Decreto 1054/2002, de 11 de octubre, por el que se regula el proceso de evaluación para el registro, autorización y comercialización de biocidas.

Hasta ahora, en base a la legislación existente en España en esta materia (R. D.3349/1983 y posteriores modificaciones, Real Decreto 162/1991 y Real Decreto 443/1994), sólo se registraban algunos tipos de productos biocidas. Esta legislación seguirá siendo de aplicación durante el periodo transitorio de 10 años que establece la Directiva

98/8/CE (Real Decreto 1054/2002). Durante este periodo se ha establecido un procedimiento de revisión de las sustancias activas biocidas comercializadas con anterioridad a mayo de 2000. Esta revisión se llevará a cabo de acuerdo con los Reglamentos de la Comisión Europea (Reglamento (CE) N° 1896/2000 y Reglamento (CE) n° 2032/2003).

En la avanzada Europa, tendremos una legislación avanzada sobre el uso de plaguicidas en el 2020.

A fin de facilitar la aplicación de la presente Directiva, los Estados miembros deben utilizar planes de acción nacionales para fijar objetivos, medidas y calendarios con objeto de reducir los riesgos y los efectos de la utilización de plaguicidas en la salud humana y en el medio ambiente, y para fomentar el desarrollo y la introducción de la gestión integrada de plagas y de planteamientos o técnicas alternativas con objeto de reducir en la medida de lo posible la dependencia del uso de plaguicidas. Los planes de acción nacionales pueden coordinarse con planes de aplicación de otros actos legislativos comunitarios pertinentes y podrían utilizarse para agrupar objetivos propuestos en virtud de otros actos legislativos comunitarios relativos a los plaguicidas.

Es fundamental que los Estados miembros creen sistemas de formación, tanto inicial como complementaria, de los distribuidores, asesores y usuarios profesionales de plaguicidas, así como sistemas de certificación para su registro, a fin de que quienes utilicen o vayan a utilizar plaguicidas sean plenamente conscientes de los posibles riesgos para la salud humana y el medio ambiente y de las medidas apropiadas para reducirlos en la medida de lo posible.

Teniendo en cuenta los posibles riesgos derivados del uso de los plaguicidas, el público en general debe estar mejor informado de los efectos globales del uso de plaguicidas, mediante campañas de sensibilización e información difundida a través de los comerciantes, y otras medidas adecuadas.

CAPÍTULO 2

BUENAS PRÁCTICAS DE LIMPIEZA Y DESINFECCIÓN. NOVEDADES EN EL DISEÑO Y MANTENIMIENTO DE LAS INSTALACIONES. SISTEMAS FÍSICOS Y FÍSICO-QUÍMICOS. REGISTRO DE ACTUACIONES.

Autores

Ana Rubio García
Joaquín Gámez de la Hoz
Ana Padilla Fortes

2.1. Tratamientos más comunes
2.2. Medidas preventivas
2.3. Programas de mantenimiento
2.4. Registro de las operaciones realizadas

2. **Buenas prácticas de limpieza y desinfección. Novedades en el diseño y mantenimiento de las instalaciones. Sistemas físicos y físico-químicos. Registro de actuaciones.**

Como se desprende de las recomendaciones del informe UNE 100030:2005, para lograr el control y la erradicación de *Legionella pneumophila* de sistemas de distribución de agua potable y de aire acondicionado, el método empleado consiste en la acción coordinada de los biocidas junto con los choques térmicos. No obstante, el empleo de estos métodos no siempre evita que se vuelvan a producir contaminaciones del sistema.

Éstas pueden ser debidas a:
- un mal diseño de las redes de distribución, sus materiales y mantenimiento de sus elementos, que pueden hacer ineficaz la acción de desinfectantes y temperatura en los puntos más alejados del sistema
- a la existencia de biofilms, formados por la flora microbiana, carbonato cálcico, productos de corrosión, etc., que protegen a las bacterias de la acción de los desinfectantes.

Hay que tener en cuenta que el poder de penetración de los desinfectantes es muy escaso y actúan sólo en las capas superficiales, lo que permite que la Legionella presente en las capas profundas vuelva a colonizar el sistema.

Diferentes autores han estudiado la eficacia *in vitro* de diferentes productos y métodos. Los ensayos realizados utilizan ozono y peróxido de hidrógeno comparando su eficacia con el cloro, y sometiendo las pruebas a diferentes pH y temperaturas.

Los resultados demuestran que tanto el ozono como el peróxido de hidrógeno son eficaces y más seguros que el cloro, dado que sus productos de descomposición (oxígeno y agua) son inocuos. Otros estudios en los que se comparan la acción del ozono, el cloro, el aumento de temperatura y la radiación ultravioleta revelan que todos ellos son eficaces en la eliminación de la bacteria, pero los dos últimos son más rápidos.

Otros métodos alternativos de control incluyen el uso de iones metálicos (cobre o plata) en solución, los experimentos muestran que cuando esos iones son absorbidos por la bacteria afectan a su equilibrio enzimático inhibiendo sus capacidades respiratorias y reproductivas.

El uso de equipos generadores de radiación ultravioleta se ha revelado eficaz en los circuitos de suministro y recirculación de agua, pero no tanto en zonas de estancamiento del agua y en tramos ciegos, debido a la disminución de su eficacia por acumulación de incrustaciones sobre el equipo.

Otro método consiste en limitar la población microbiológica que sirve de alimento a la bacteria, aunque su limitación no asegura el control de Legionella.

De estos estudios se desprende, por una parte, la dificultad que existe a la hora de extrapolar los resultados obtenidos en los ensayos realizados *in vitro* a la aplicación del método en situaciones reales. Y, por otra parte, se apunta la necesidad de mejorar el conocimiento de *Legionella pneumophila* mediante la utilización de métodos moleculares para su estudio, lo que permitirá el desarrollo de metodologías de prevención y erradicación más sencillas y eficaces.

2.1. Tratamientos más comunes

TRATAMIENTO TÉRMICO: en el que el agua se mantiene a temperaturas superiores a los 60°C, condición que inactiva la Legionella

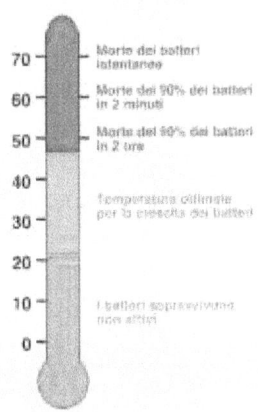

SHOCK TÉRMICO: Se eleva la temperatura del agua hasta los 70-80°C en el acumulador durante al menos 2 horas. Abrir posteriormente por sectores todos los grifos y duchas durante 5 minutos de forma secuencial, comprobando que en todos los puntos terminales se alcanzan lo 60°C (Anexo 3 Real Decreto 865/2003).

HIPERCLORACIÓN CONTINUA: clorar con hipoclorito sódico o cálcico, hasta alcanzar 20-30 ppm a una temperatura no superior a 30°C y un pH entre 7-8, siguiendo las actuaciones recogidas en Anexo 3 del Real Decreto 865/2003.

HIPERCLORACIÓN EN CASO DE BROTE (Anexo 3 del Real Decreto 865/2003).

RAYOS ULTRAVIOLETA: La luz UV, es generada por lámparas especiales que tiene una acción bactericida.

IONIZACIÓN Cu-Ag: Se utiliza la acción bactericida y sinérgica entre la plata y una solución concentrada de peróxido de hidrógeno

OZONO: La actividad germicida del ozono se basa en su elevada capacidad de oxidación directa. Gracias a esta cualidad todas las estructuras macromoleculares de las células son desactivadas.

FILTROS TERMINALES: Se aplican directamente sobre el punto de toma y forman una barrera mecánica. Deben sustituirse con cierta periodicidad. Generalmente se aplican combinándolos con el bióxido de cloro en zonas de alto riesgo.

Este sistema de filtración se rige por la norma UNE-EN 13443-1, en el caso de tratarse de equipo de acondicionamiento del agua en el interior de los edificios – filtros mecánicos- parte 1: partículas de dimensiones comprendidas entre 80 µm y 150 µm requisitos de funcionamiento, seguridad y ensayo.

BIOXIDO DE CLORO: Permite una desinfección continua, con valores modestos de cloro residual, manteniendo la calidad del agua. Destruye los biofilms, (hábitat natural de la Legionella) y se caracteriza por una acción muy prolongada tanto en el tiempo como en la distancia desde el punto de inyección.

SISTEMA	Efecto barrera	Efecto depósito	Desinfección sin corrosión	Ausencia de formación de Halometanos	Eliminación de biofilm	Coste de ejercicio/ manutención
TRATAMIENTO TÉRMICO						ALTO
CLORACIÓN						BAJO
BIÓXIDO DE CLORO					MEDIO / BAJO	MEDIO / ALTO
IÓN POSITIVO DE COBRE Y PLATA			No compatible con superficie de Zn			ALTO
OZONO						ALTO
FILTRACIÓN						ALTO
RADIACIÓN UV						MEDIO
ECAS						BAJO
	BUENO		MEDIO		MENOS BUENO	

UN TRATAMIENTO EN EL QUE SE HA INVERTIDO EN LOS ÚLTIMOS AÑOS EN INVESTIGACIÓN, POR PARTE DE LA UNIÓN EUROPEA, MININISTERIO DE MEDIO AMBIENTE Y DE SANIDAD Y CONSUMO, HA SIDO EL DE LA ELECTROLISIS, este método es capaz de destruir los biofilm, amebas y la propia Legionella sin adición alguna de químicos y por tanto es muy respetuoso con el medio ambiente. Actualmente el número de empresas con este tratamiento no es muy elevado.

Todos los biocidas utilizados para Legionella deben cumplir:

Estar homologados para su aplicación en instalaciones de riesgo de legionelosis y disponer del kit de análisis adecuado.

Los biocidas para su aplicación en instalaciones de riesgo de legionelosis tienen que estar Inscritos por el Ministerio de Sanidad, Servicios Sociales e igualdad.

El fabricante debe aportar una documentación completa sobre formulación, datos de seguridad, envases, etc y aportar un estudio sobre la efectividad del biocida sobre la *Legionella pneumophila* realizado por laboratorio acreditado para este tipo de análisis.

Una vez presentada toda esta documentación, el Ministerio de Sanidad y Consumo emite un certificado de homologación, válido para un periodo de 5 años.

Son datos imprescindibles: finalidad, datos de la empresa responsable de la comercialización y datos de la empresa fabricante, si don dos entidades diferentes, envases disponibles, peligrosidad, aplicación y otros usos autorizados.

Este último punto es de gran importancia no pudiendo usarse biocidas que no estén autorizados para ese uso. Por ejemplo no se pueden utilizar biocidas distintos a los derivados clorados para agua caliente sanitaria (ACS) ni para agua fría de consumo humano (AFCH).

De gran importancia también es que el biocida disponga de kit de análisis fiable, fácil y rápido de realizar, pues el Real Decreto 865/2003 obliga al análisis diario de los niveles de biocida.

Los biocidas específicos para el tratamiento de Legionella tienen como dígito específico el 100.

2.2. Medidas Preventivas

Las medidas preventivas se basan en dos principios fundamentales para el control de agentes biológicos: eliminar zonas sucias, donde se acumulan materiales que les pueden servir de alimento; y evitar y/o modificar las condiciones que favorecen su desarrollo. Estos objetivos se pueden conseguir mediante diseños adecuados, buenos programas de mantenimiento de las instalaciones, el control de la temperatura del agua y la desinfección continua de la misma.

El Real Decreto 865/2003 establece, en su artículo 7, las medidas preventivas específicas para distintas instalaciones: instalación interior de agua de consumo humano, torres de refrigeración y sistemas análogos y equipos de terapia respiratoria. Todas ellas son medidas que se deben aplicar en la fase de diseño de las instalaciones, pero que además se aplicarán cuando se hagan modificaciones o reformas de las instalaciones existentes.

En términos generales y de forma resumida dichas acciones se pueden concretar en las siguientes:

Acciones para evitar la acumulación de suciedad

Garantizar la estanqueidad del circuito.
Evitar el estancamiento del agua.
Disponer de sistemas de filtración del agua (UNE-EN 13443-1).
Disponer de elementos de purga para vaciar el sistema.
Facilitar la accesibilidad a los equipos para su inspección, limpieza, desinfección y toma de muestras.

Acciones para evitar el desarrollo de agentes biológicos

Mantener la temperatura del agua de la red de suministro interior, depósitos y/o acumuladores, fuera de los márgenes que marcan la posibilidad de desarrollo de Legionella (20°C - 45°C).
Evitar los materiales que favorecen el desarrollo (cuero, madera, fibrocemento, hormigón o los derivados de la celulosa).
Disponer de aislamiento térmico para tuberías y depósitos.
Utilizar desinfectantes (cloro u otros compuestos de probada eficacia).
Disponer de instalaciones que permitan alcanzar en el circuito de agua caliente una temperatura de 70 °C.
Utilizar materiales que resistan la acción agresiva de los desinfectantes.
Seguir las instrucciones del fabricante para la limpieza y desinfección o esterilización de los equipos de terapia respiratoria.

Acciones para evitar la dispersión y transmisión de agentes biológicos

Ubicar las torres de refrigeración y sistemas análogos en lugares alejados tanto de las personas como de las tomas de los sistemas de ventilación o aire acondicionado.
Disponer de sistemas separadores de gotas de alta eficacia.
En salas con pacientes de alto riesgo (inmunodeprimidos), utilizar equipos de terapia respiratoria en los que las partes que entran en contacto con los pacientes, o que canalicen fluidos respiratorios, sean de un solo uso.

2.3. Programa de mantenimiento

En el artículo 8 se establecen los requisitos generales de mantenimiento exigibles a las instalaciones objeto del ámbito de aplicación del Real Decreto 865/2003, clasificadas en función de la probabilidad de proliferación y dispersión de Legionella y adecuados a sus características. Asimismo, se incluyen las condiciones específicas de mantenimiento para los tres tipos de instalaciones de mayor relevancia: sistemas de agua fría de consumo humano y caliente sanitaria, torres de refrigeración y condensadores evaporativos y bañeras de hidromasaje que se recogen en los anexos 3, 4 y 5 del Real Decreto.

Los programas de mantenimiento deben adecuarse a la probabilidad de proliferación y dispersión de Legionella incluyendo en cada caso los aspectos que se relacionan a continuación:

En las instalaciones con mayor probabilidad de proliferación y dispersión de Legionella:

- Planos actualizados y señalizados de todos los componentes de cada instalación, en ellos se recogerán los puntos o zonas críticas en donde se debe facilitar la toma de muestras del agua.
- La revisión y examen del correcto funcionamiento de todas las partes de la instalación, estableciendo: puntos críticos, parámetros a medir, procedimientos a seguir y periodicidad de cada actividad.
- Programa de tratamiento del agua que incluya: productos, dosis, procedimientos, parámetros de control físicos, químicos y biológicos, métodos de medición y periodicidad de los análisis.
- Programas de limpieza y desinfección, estableciendo: procedimientos, productos, dosis, precauciones y periodicidad.
- Registro de mantenimiento de cada instalación que recoja: todas las incidencias, actividades realizadas, resultados obtenidos y las fechas de parada y puesta en marcha técnica de la misma, así como su motivo.

En las instalaciones con menor probabilidad de proliferación y dispersión de Legionella:

- Esquema de funcionamiento hidráulico.
- La revisión y examen del correcto funcionamiento de todas las partes de la instalación.
- Programa de limpieza y, si procede, la desinfección de la instalación. La periodicidad de la operación de limpieza será, de al menos, una vez al año, excepto en los sistemas de aguas contra incendios que se deberá realizar al mismo tiempo que la prueba hidráulica y el sistema de agua de consumo que se hará según lo indicado en el anexo 3.
- Registro de mantenimiento donde se consignarán las tareas realizadas.

2.4. Registro de las operaciones realizadas

Han de contar con un sistema de registro en el que se anoten las operaciones de limpieza y desinfección realizadas. Se incluirá al menos: fecha en la que se ha realizado la limpieza y desinfección, protocolo seguido, las incidencias producidas, las medidas correctoras aplicadas, resultados obtenidos y la persona/empresa que se ha encargado de realizar las mismas. En el caso de que sea una empresa contratada se adjuntará el correspondiente Certificado de acuerdo al anexo II del RD 865/2003.

En el caso de que sea personal del titular de la instalación la que realice la Limpieza y desinfección, en los registros figurarán al menos los datos de los Apartados de Productos utilizados y Aplicador del Tratamiento, del anexo II del RD 865/2003.

Personas que se van a encargar de realizar la limpieza y desinfección. En el caso de que lo realice una empresa (caso más frecuente) se deberá incluir:

- Nombre y dirección de la Empresa.
- Número de inscripción en el ROESP, en caso de utilización de biocidas.
- Modelo de Certificado a emitir de acuerdo con el Anexo 2 del RD 865/2003.

- Acreditación de estar en posesión de formación homologada que los capacite para efectuar estas operaciones de mantenimiento y tratamiento.

Esto afectará a todas las empresas implicadas tanto en el diseño del programa como en la ejecución del mismo.

CAPÍTULO 3

METODOLOGÍA DE ANÁLISIS DE PELIGROS Y PUNTOS CRÍTICOS DE CONTROL EN INSTALACIONES DE RIESGO DE LEGIONELOSIS. EVALUACIÓN DEL RIESGO.

Autores

Ana Rubio García
Joaquín Gámez de la Hoz
Ana Padilla Fortes

3.1. Criterios generales de prevención
3.2. Diagrama de flujo del proceso y descripción de las etapas a las que se somete el agua
3.3. Identificación de peligros
3.4. Límites críticos
3.5. Medidas preventivas o acciones correctoras
3.6. Verificación del plan de autocontrol
3.7. Sistemas de registro
3.8. Ventajas de un sistema de autocontrol basado en el APPCC
3.9. Resumen de metodología
3.10. Evaluación del riesgo de la instalación

3. Metodología de análisis de peligros y puntos críticos de control en instalaciones de riesgo de legionelosis. Evaluación del riesgo.

Las normativas existentes en todas y cada una de las Comunidades autónomas en la actualidad, tienen como objeto regular medidas de mantenimiento que puedan preveer la proliferación de legionelosis en instalaciones susceptibles de ser infectadas y donde este microorganismo encuentre un buen hábitat y por tanto aumente la posibilidad de contagio y enfermedad.

3.1. Criterios generales de prevención

A) de Diseño

1. El diseño de redes y estructuras estará siempre recogido en planos donde las modificaciones posteriores también se incluyan.
2. Se evitarán recodos y estancamiento de agua a lo largo de todo el circuito que favorezca la sedimentación de material de corrosión y de biocapas.
3. Los materiales en todas las instalaciones que componen el sistema, resistirán la acción agresiva del agua, cloro y otros agentes desinfectantes.
a. Para depósitos y acumuladores son indicados el acero inoxidable y algunos revestimientos protectores del acero común
b. Para las tuberías se recomienda cobre, acero inoxidable y algunos materiales plásticos resistente a la presión y temperatura
4. Estarán dotados de dispositivos para la toma de muestras y purga en el caso que sean necesarios.
5. Si el circuito de agua dispone de depósitos, deberán cubrirse mediante tapas herméticas de materiales adecuados.

6. Las tuberías, acumuladores y de más componentes de los circuitos, se revestirán con aislante para impedir los intercambios frío – calor y así asegurar una temperatura más o menos homogénea.
7. Los depósitos acumuladores se conectarán en serie y deberán tener una elevada relación altura/diámetro y serán instalados verticalmente.

B) de Ubicación

8. Los equipos y aparatos se ubicarán de forma que sean fácilmente accesibles para su inspección, desinfección y limpieza.
9. Las Torres de Refrigeración (TR) y Condensadores evaporativos (CV), se colocarán siempre lo más alejados posible del tránsito de personas y se cerrarán si existe la posibilidad de hacerlo, para impedir la difusión de sus aerosoles.
10. TR y CV se situarán a sotavento de los lugares de tránsito en relación con los vientos dominantes en la zona de su emplazamiento
11. Los separadores de gotas serán de elevada eficiencia, cuyo caudal de agua arrastrado, sea inferior a 0,05% del caudal del agua circulante
12. En aquellos casos en los que se utilice un agua distinta de la red pública, deberán garantizarse mediante la desinfección previa la ausencia de bacterias.

3.2. Diagrama de flujo del proceso y descripción de las etapas a las que se somete el agua

El diagrama de flujo reflejará de forma detallada el proceso al que se somete el agua. Se describirá la secuencia de acuerdo con la metodología APPCC, (metodología de Análisis de Peligros y Puntos de Control Críticos). Esta metodología, ha sido implantada de diferentes formas según la comunidad autónoma en sus servicios de Salud Pública, mientras que unos han seguido esta metodología guión a guión, otras comunidades han optado por la auditoria a la hora de vigilar la implantación de sistemas de prevención y control de Legionella o por métodos donde se acercan a ambas metodologías.

La descripción de las etapas a las que se somete el agua en la instalación, incluirá de forma detallada y lo más completa posible todas las etapas del circuito, ya sea de circuitos de agua caliente sanitaria con o sin retorno, de agua fría de consumo humano, de circuitos de refrigeración, de bañeras de hidromasaje, o cualquier otra instalación susceptible de contagiarse y propagar Legionella.

Para su elaboración se utilizará el esquema hidráulico correspondiente. Un buen diagrama de flujo ayuda enormemente a la sistemática del análisis de peligros y proporciona seguridad en la elaboración correcta del plan.

En el proceso que incluirá los siguientes datos:

- Descripción de todas las etapas, desde la entrada del agua en el circuito hasta su utilización en grifos, duchas y bañeras, y salida en forma de vapor por la torre y/o condensador.
- Origen del agua de alimentación del circuito especificando su origen
- Descripción y caracterización de todos los elementos y equipos que forman parte del circuito. Se indicará la existencia de codos, ramales muertos o fondo ciego, zonas de posible estancamiento del agua, así como las de difícil acceso para su limpieza y desinfección.
- Materiales de construcción de los distintos elementos y equipos.
- Ubicación de las TR y CV respecto a tomas de aire de los sistemas de Climatización, ventanas y zonas transitadas.
- Tratamiento a los que se somete el agua.
- Temperatura del agua en cada una de las etapas.
- Mecanismos para el control de la temperatura.
- Características de funcionamiento en condiciones normales y las de funcionamiento no habitual.
- Se señalarán los distintos usos (refrigeración, consumo, spa, abastecimiento, etc.) a los que se destina el agua una vez sometida a los procesos señalados anteriormente.

Se citan a continuación algunos ejemplos de lo que debe incluirse en la descripción:

Circuito de agua caliente y fría sanitaria
- Etapas: Almacenamiento, tratamiento, calentamiento, etc.
- Elementos y equipos: Acumuladores, intercambiadores de calor, bombas, tuberías, grifos, alcachofas, boquillas para aerosolización, puntos de purga, etc.
- Materiales: Acero inoxidable, acero galvanizado, hierro, polipropileno, polietileno, etc.
- Productos utilizados en el tratamiento del agua: Hipoclorito sódico, permanganato potásico, dióxido de cloro, sale de aluminio, etc.
- Temperatura de cada etapa: Superior a 60°C en la etapa de acumulación del agua y superior a 50°C en el retorno o punto más alejado de la red

Circuito de bañeras de agua agitada por aire a presión
- Etapas: Almacenamiento en el depósito de compensación, tratamiento, calentamiento, etc.
- Elementos y equipos: Bombas, Tuberías, filtros, dosificadores, boquillas, cuellos de cisne, etc.
- Materiales: Acero inoxidable, acero galvanizado, hierro, polietileno, etc.
- Productos utilizados en el tratamiento del agua: Hipoclorito sódico, bromo, hidróxido sódico, alguicida, etc.
- Temperatura: Entrada de agua fría a 20°C, almacenamiento en vaso de compensación.

Circuito de refrigeración
- Etapas: Almacenamiento en bandeja, tratamiento, etc.
- Elementos y equipos: Separador de gota, relleno, bombas dosificadoras, etc.
- Materiales: Acero inoxidable, hierro galvanizado, cobre, polietileno, PVC, celulosa…
- Productos utilizados en el tratamiento del agua: Hipoclorito sódico, alguicida, desincrustante, etc.
- Temperatura de cada etapa

3.3. Identificación de peligros

Teniendo en cuenta el comportamiento ambiental de Legionella, en cada instalación se identifican los siguientes peligros:

– Entrada de Legionella en el circuito de agua.
– Colonización y multiplicación hasta concentraciones peligrosas.
– Dispersión del agua contaminada con la bacteria en el aire en forma de aerosol.

En cada etapa será necesario identificar los factores y/o condicionantes que puedan hacer viable el crecimiento de la bacteria o el incremento de este.

1. Estado de conservación y mantenimiento de los equipos.
2. Origen del abastecimiento.
3. Ubicación
4. Formación específica del personal de mantenimiento y seguimiento de la práctica de trabajo
5. Control del proceso mediante registros y auditorías o supervisiones
6. Control del biocida y otros químicos utilizados en la totalidad del proceso.

Una vez realizada la valoración total del proceso, y habiendo identificado los puntos de control crítico (PCC), se dictarán las medidas preventivas y acciones correctoras necesarias para reducir al máximo el riesgo de contaminación, proliferación y dispersión de Legionella.

3.4. Límites críticos

Una vez determinados los puntos de control crítico, definiremos como realizaremos el control. Que parámetros controlaremos y en los márgenes o rangos que estableceremos bien de acuerdo con exigencias legales y si estas no existiesen con aquellas que se consideren más oportunas de acuerdo con la evidencia científica reciente.

Entendemos como parámetro al dato que se considera como imprescindible y orientativo para lograr evaluar o valorar una determinada situación. Teniendo en cuenta que a partir de un parámetro una circunstancia puede comprenderse o ubicarse en perspectiva.

Los parámetros analíticos no inmediatos no son límites críticos aceptables, ya que cuando obtenemos el resultado el agua ya ha sido utilizada.

Los parámetros consensuados y requeridos de acuerdo con la normativa vigente, normas UNE y evidencia científica son:

- La temperatura de almacenamiento del agua caliente será mayor o igual a 60°C.
- La temperatura del agua fría será inferior a 20°C.
- La temperatura en el punto más alejado de la red no será inferior a 50°C.
- El nivel de Cloro Libre Residual (CRL) en el agua de las bañeras de hidromasaje será de 3 ppm.
- La velocidad del agua en el circuito de agua caliente sanitaria será de 0,5 m/s.
- Ausencia de suciedad aparente en el depósito acumulador.
- Ausencia de materia en suspensión en el agua de la bandeja.

3.5. Medidas preventivas o acciones correctoras

Las medidas preventivas se basan en dos principios fundamentales:

1. Las que reducen la probabilidad de colonización y multiplicación de la bacteria y
2. Las que reducen la probabilidad de su dispersión en zonas ocupadas.

El Real Decreto 865/2003 establece, en su artículo 7, las medidas preventivas específicas para distintas instalaciones: instalación interior de agua de consumo humano, torres de refrigeración y sistemas análogos y equipos de terapia respiratoria. Todas ellas son medidas que se deben aplicar en la fase de diseño de las instalaciones, pero que además se aplicarán cuando se hagan modificaciones o reformas de las instalaciones existentes.

En términos generales y de forma resumida dichas acciones se pueden concretar en las siguientes:

Acciones para evitar la acumulación sedimentos procedentes de materiales de corrosión del circuito y de arrastre del agua

- Garantizar la estanqueidad del circuito.
- Evitar el estancamiento del agua.
- Disponer de sistemas de filtración del agua (UNE-EN 13443-1).
- Disponer de elementos de purga para vaciar el sistema.
- Facilitar la accesibilidad a los equipos para su inspección, limpieza, desinfección y toma de muestras.

Acciones para evitar el desarrollo de agentes biológicos

- Mantener la temperatura del agua de la red de suministro interior, depósitos y/o acumuladores, fuera de los márgenes que marcan la posibilidad de desarrollo de Legionella (20ºC - 45ºC).
- Evitar los materiales que favorecen el desarrollo (cuero, madera, fibrocemento, hormigón o los derivados de la celulosa).
- Disponer de aislamiento térmico para tuberías y depósitos.
- Utilizar desinfectantes (cloro u otros compuestos de probada eficacia).
- Disponer de instalaciones que permitan alcanzar en el circuito de agua caliente una temperatura de 70ºC.
- Utilizar materiales que resistan la acción agresiva de los desinfectantes.
- Seguir las instrucciones del fabricante para la limpieza y desinfección o esterilización de los equipos de terapia respiratoria.

Acciones para evitar la dispersión y transmisión de agentes biológicos

- Ubicar las torres de refrigeración y sistemas análogos en lugares alejados tanto de las personas como de las tomas de los sistemas de ventilación o aire acondicionado.
- Disponer de sistemas separadores de gotas de alta eficacia.
- En salas con pacientes de alto riesgo (inmunodeprimidos), utilizar equipos de terapia respiratoria en los que las partes que entran en contacto con los pacientes, o que canalicen fluidos respiratorios, sean de un solo uso.

Programas de mantenimiento

En el artículo 8 se establecen los requisitos generales de mantenimiento exigibles a las instalaciones objeto del ámbito de aplicación del Real Decreto, clasificadas en función de la probabilidad de proliferación y dispersión de Legionella y adecuados a sus características. Asimismo, se incluyen las condiciones específicas de mantenimiento para los tres tipos de instalaciones de mayor relevancia: sistemas de agua fría de consumo humano y caliente sanitaria, torres de refrigeración y condensadores evaporativos y bañeras de hidromasaje que se recogen en los anexos 3, 4 y 5 del Real Decreto 865/2003.

Los programas de mantenimiento deben adecuarse a la probabilidad de proliferación y dispersión de Legionella incluyendo en cada caso los aspectos que se relacionan a continuación:

En las instalaciones con *mayor probabilidad de proliferación y dispersión de Legionella*:

- Planos actualizados y señalizados de todos los componentes de cada instalación, en ellos se recogerán los puntos o zonas críticas en donde se debe facilitar la toma de muestras del agua.
- La revisión y examen del correcto funcionamiento de todas las partes de la instalación, estableciendo: puntos críticos, parámetros a medir, procedimientos a seguir y periodicidad de cada actividad.

- Programa de tratamiento del agua que incluya: productos, dosis, procedimientos, parámetros de control físicos, químicos y biológicos, métodos de medición y periodicidad de los análisis.
- Programas de limpieza y desinfección, estableciendo: procedimientos, productos, dosis, precauciones y periodicidad.
- Registro de mantenimiento de cada instalación que recoja: todas las incidencias, actividades realizadas, resultados obtenidos y las fechas de parada y puesta en marcha técnica de la misma, así como su motivo.
- En el caso de TR y CV se detallará Se indicará la situación de la torre con respecto al edificio en el que se encuentra. (Situadas en la cubierta del edificio cuando sea posible, y en cualquier caso, la descarga de aire aerosolizado estará a una altura de 2 metros por encima de ventanas, tomas de aire, ventilación o lugares frecuentados, y/o a una distancia de 10 metros en horizontal). Se recogerán los puntos o zonas críticas donde se facilitarán las tomas de muestra del agua. Estarán dotados, en lugar accesible, de al menos un dispositivo para realizar tomas de muestra del agua de recirculación.

En las instalaciones con *menor probabilidad de proliferación y dispersión de Legionella*:

- Esquema de funcionamiento hidráulico.
- La revisión y examen del correcto funcionamiento de todas las partes de la instalación.
- Programa de limpieza y, si procede, la desinfección de la instalación. La periodicidad de la operación de limpieza será, de al menos, una vez al año, excepto en los sistemas de aguas contra incendios que se deberá realizar al mismo tiempo que la prueba hidráulica y el sistema de agua de consumo que se hará según lo indicado en el anexo 3.
- Registro de mantenimiento donde se consignarán las tareas realizadas

3.6. Verificación del plan de autocontrol

El plan de autocontrol contendrá toda la información necesaria para poder valorar que todos los peligros relevantes han sido tenidos en cuenta, que se han establecido medidas de control adecuadas para prevenirlos, vigilarlos y corregirlos si se presentan, que se ha establecido una verificación adecuada al respecto, y que están previstos mecanismos de documentación y registro para acreditarlo todo.

La verificación contempla las actividades que se consideren necesarias, para comprobar que el sistema de autocontrol funciona eficazmente y que las medidas de control se realizan correctamente.

La verificación nos asegura que los riesgos están controlados y en el caso de la Legionella, que la infección y diseminación de ésta no es posible. La verificación siempre debe ser sistemática, indicando qué actividades se van a realizar, cuándo y cómo se registrará la información relacionada con las actividades de verificación, explicando las medidas que se van a llevar a cabo cuando se detecte un problema.

La verificación deberá recoger al menos los siguientes elementos:

- *Eficacia del sistema de autocontrol:* Incluirá muestreo para verificar la calidad analítica del agua. Indicando frecuencia del muestreo, tipos de muestras y parámetros a realizar en cada tipo de muestra. uno de ellos.
- *Revisión de la información relacionada con los peligros:* Actualizando los conocimientos en función de la evolución científico-técnica.
- *Revisión de los límites críticos:* Es muy importante para evaluar los límites críticos la calibración de la técnica, el utilizar químicos con estándares contrastados y seguir los avances científicos.
- *Supervisiones del sistema (internas o externas):* Se analizarán periódicamente los datos generados en la vigilancia y en la ejecución de las acciones correctoras. Se comprobará que las

actividades se están realizando correctamente y que se están obteniendo los resultados esperados. Servirán también para identificar posibles tendencias o fluctuaciones y establecer acciones correctoras.

También se recogerá la revisión del plan de formación de los operarios. Finalmente en este apartado hay que incluir las actividades que garanticen la revisión del plan en caso de que se produzca cualquier cambio en el proceso de producción de agua.

3.7. Sistema de registro

El sistema de registro nos debe permitir demostrar que el plan se ha ejecutado de forma adecuada, debiendo permitir:

- Identificar los últimos documentos actualizados. Por ello es fundamental que, en caso de existir diferentes versiones, éstas tengan fecha de elaboración y número de versión.
- Conocer la relación total de los diferentes documentos en uso.
- Conocer dónde se archivan tanto las copias maestras como los documentos una vez cumplimentados.
- Establecer durante cuánto tiempo se guardan los registros.
- Conocer el procedimiento de reforma de los diferentes documentos.

3.8. Ventajas de un sistema de autocontrol basado en el APPCC

Permite identificar peligros específicos de cada sistema y adoptar medidas para garantizar la inocuidad de su funcionamiento.

o   Su metodología se adapta a cualquier tipo de instalación.
o   Requiere de una etapa seria y planificada del diseño.
o   Su finalidad es preventiva
o   El control y seguimiento esta totalmente protocolizado, facilitando por tanto su ejecución.

3.9. Resumen de la metodología

Pasos para la elaboración de programas de autocontrol :

1. Constitución del **equipo de trabajo**.
2. Descripción de los **procesos** a los que se somete el agua, de las instalaciones y del uso al que va destinado el agua **Diagramas de flujo**
3. Identificación de **peligros** en cada fase, análisis de riesgos y medidas preventivas para controlarlos.
4. Determinación de PCC (**puntos de control críticos**).
5. Establecer los **límites críticos** para cada PCC.
6. Sistemas de **vigilancia** para cada PCC.
7. **Medidas correctoras** a aplicar cuando el PCC presente una desviación.
8. **Verificación** del sistema de autocontrol.
9. Sistema de **documentación y registro**.

3.10. Evaluación del riesgo de la instalación

La evaluación del riesgo de la instalación se realizará como mínimo una vez al año, cuando se ponga en marcha la instalación por primera vez, tras una reparación o modificación estructural, cuando una revisión general así lo aconseje y cuando así lo determine la autoridad sanitaria.

La evaluación del riesgo de la instalación debe ser realizada por personal técnico debidamente cualificado y con experiencia, preferiblemente con titulación universitaria de grado medio o superior y habiendo superado el curso homologado tal como se establece en la Orden SCO/317/2003 de 7 de febrero por el que se regula el procedimiento para la homologación de los cursos de formación del personal que realiza las operaciones de mantenimiento higiénico-sanitaria de las instalaciones objeto del Real Decreto 865/2003.

En las Guías Técnicas publicadas por el Ministerio de Sanidad y Consumo y disponibles en su página web http://www.msc.es , se recogen tablas específicas para cada instalación. Estas contienen información sobre factores estructurales, asociados a las características propias de la instalación; factores de mantenimiento, asociados al tratamiento y al mantenimiento que se realiza en la instalación; y factores de operación asociados al funcionamiento de la instalación.

En cada tabla se indican los criterios para establecer un factor de riesgo "BAJO", "MEDIO" o "ALTO" así como posibles acciones correctoras a considerar.

La valoración global de todos estos factores se determina con el Índice Global. Este Índice se calcula para cada grupo de factores (estructural, mantenimiento y operación) a partir de las tablas indicadas anteriores y se establece un valor global ponderado.

El Índice global permite la visión conjunta de todos los factores y facilita la decisión sobre la necesidad y la eficacia de aplicar acciones correctoras adicionales en función de las características propias y específicas de cada instalación.

Este algoritmo es un indicador del riesgo, que en cualquier caso siempre debe utilizarse como una guía que permite minimizar la subjetividad del evaluador pero que no sustituye el análisis personalizado de cada situación concreta.

Teniendo en consideración los diferentes pesos de cada uno de los índices de riesgos el valor medio se pondera de acuerdo a la siguiente fórmula:

$$IGP = 0,3 \cdot IE + 0,6 \cdot IM + 0,1 \cdot IO$$

Independientemente de los resultados de la evaluación de riesgo, los requisitos legales de cualquier índole (Real Decreto 865/2003 u otros que le afecten) relativos a estas instalaciones, deben cumplirse.

La evaluación del riesgo incluirá la identificación de los puntos idóneos para la toma de muestras. Asimismo, se valorará la necesidad de tomar muestras del agua de aporte.

CAPÍTULO 4

MANTENIMIENTO HIGIÉNICO-SANITARIO DE INSTALACIONES CON MAYOR PROBABILIDAD DE PROLIFERACIÓN Y DISPERSIÓN DE LEGIONELLA. ESTRUCTURA, PREVENCIÓN Y CONTROL. GUÍAS TÉCNICAS

Autores

Ana Rubio García
Joaquín Gámez de la Hoz
Ana Padilla Fortes

4.1. Torres de refrigeración
4.2. Condensadores evaporativos
4.3. Circuitos de agua caliente con retorno
4.4. Sistema de agua caliente sanitaria
4.5. Bañeras y piscinas de hidromasaje de uso
4.6. Piscinas con recirculación de uso colectivo

4. Mantenimiento higiénico-sanitario de instalaciones con mayor probabilidad de proliferación y dispersión de Legionella. Estructura, prevención y control. Guías técnicas.

El sistema de transferencia de masa de agua en corriente de aire es hasta ahora el más empleado en las instalaciones de acondicionamiento de aire centralizado. Podemos distinguir dos grandes grupos de sistemas de acondicionamiento de aire:

a) **Sistemas abiertos (aparatos de enfriamiento evaporativo y humectadores)**, basados en la introducción de aire exterior en el edificio a acondicionar, mediante sistemas de humectación y enfriamiento del referido aire exterior. En los sistemas abiertos el **aire exterior se trata directamente** con agua procedente de un depósito o una bandeja, que puede alcanzar temperaturas superiores a 20°C. Estos aparatos pueden ensuciarse con la materia transportada por el aire (polvo, humos contaminados, microorganismos, etc.) produciéndose un acumulo de residuos en el depósito o bandeja de agua, que podría favorecer considerablemente la proliferación de *Legionella*. El aire directamente impulsado al edificio en forma de gotas de agua pulverizada, se puede convertir en el vehículo para el transporte y diseminación de la bacteria.

b) **Sistemas cerrados (torres de refrigeración y condensadores evaporativos),** basados en climatizadores que obtienen la fuente de enfriamiento mediante un sistema centralizado de producción de agua fría en máquinas frigoríficas.

En estos sistemas existe generalmente una **planta enfriadora de agua central**, que distribuye el agua enfriada aproximadamente a unos 6 ó 7°C, hasta los climatizadores que acondicionan el aire de las diferentes dependencias del edificio.

La planta enfriadora cede el calor absorbido del edificio a una torre de refrigeración o a un condensador evaporativo, que por lo general trabajan con agua entre 28°C y 38°C en verano, con lo que puede favorecerse la proliferación de la Legionella, que como equipos productores de aerosoles requieren un diseño, montaje y mantenimiento adecuado.

4.1 Torres de refrigeración

1. Definición, funcionamiento y tipos

Los sistemas de climatización y ciertos procesos industriales generan gran cantidad de calor que se transfiere al ambiente exterior, empleándose para ello agua (para la refrigeración del sistema). Desechar esta agua supondría graves pérdidas económicas y un abuso en el consumo de un recurso cada vez más escaso. Una alternativa que permite ahorrar agua y reducir costes económicos, consiste en reciclar el agua que se ha calentado, enfriándola mediante una torre de refrigeración e incorporándola de nuevo al circuito de refrigeración.

En las torres de refrigeración y con el fin de conseguir la evaporación del agua, se crea una fuerte corriente de aire mediante el empleo de **ventiladores**. Esta corriente de aire generalmente se dirige en dirección contraria a la del agua.

El diseño más extendido de torres de refrigeración es aquél en el que el agua más caliente es pulverizada desde la parte superior y la corriente de aire discurre en sentido contrario, de abajo a arriba. Para conseguir una mayor eficacia en estos aparatos se emplea un entramado en su interior, denominado **relleno**, cuyo fin es el de aumentar la superficie de contacto entre el agua y el aire.

Con el fin de evitar que se produzcan pérdidas de agua al arrastrarse gran cantidad de gotitas por la corriente de aire, se emplea un dispositivo denominado **separador de gotas**, situado a la salida de la corriente de aire.

En la parte inferior, se sitúa una **bandeja** cuya misión es la de recoger todo el agua que cae, una vez enfriada. Generalmente en la bandeja se instala un flotador o boya, similar al de una cisterna, que regula el nivel del agua, de tal forma que permite la entrada de agua de renovación a medida que se producen pérdidas en el circuito. Las pérdidas producidas en forma de microgotas son diseminadas en el aire en forma de aerosol.

Torres de sobrepresión

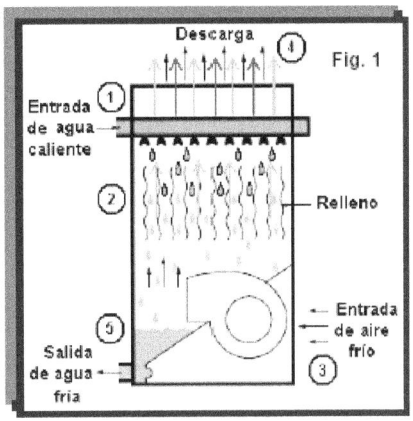

Torres abierta depresión

Existen dos modelos de Torre:
-Torres de sobrepresión o de aire forzado, donde un ventilador fuerza la entrada de aire en el interior de la torre
-Torres de refrigeración de Inducción : el ventilador fuerza la salida del aire del interior de la torre de refrigeración, produciéndose en el interior de la misma una situación de bajo presión.

2. Diseño

Las torres de refrigeración trabajan, en general, con agua a temperatura entre 28°C y 38°C, por lo menos durante la estación de verano, es decir a una temperatura favorable para la multiplicación de la Legionella.

Los riesgos de contaminación se reducen mediante las siguientes medidas:

• Deben situarse en lugares aislados, alejados de ventanas, tomas de aire de sistemas de climatización o ventilación y de lugares frecuentados, teniendo en cuenta que la concentración de aerosol decrece con el recorrido efectuado por el mismo.
• La distancia puede variar dependiendo de la dirección de los vientos y de la posición relativa entre aparatos y lugares a proteger. En cualquier caso, la distancia horizontal no será inferior a 10 metros y la descarga de aire del aparato estará siempre a una cota 2 metros por encima de la parte superior del hueco o del lugar a proteger (ventanas, tomas de aire de sistemas de acondicionamiento de aire o ventilación, lugares frecuentados, lugares de tránsito).
• Los aparatos se situarán a sotavento de los lugares antes citados, en relación con los vientos predominantes en la zona de emplazamiento.
• Los equipos estarán dotados de separadores de gotas de una eficacia muy elevada; de modo que el arrastre de agua sea menor que 0,05 % del caudal de agua en circulación.
• Con el fin de facilitar las operaciones de limpieza, el aparato deberá situarse en lugar accesible y deberá tener puertas de acceso amplias y fácilmente desmontables.
• Las superficies interiores del aparato serán lisas y sin obstáculos para facilitar las operaciones de limpieza.
• Los paneles de cerramiento deberán ser desmontables con el fin de facilitar el acceso al material de relleno para su limpieza. Cuando esto no sea posible, particularmente en grandes torres de refrigeración o en condensadores evaporativos, el relleno o la batería deberán ser limpiados en su posición mediante productos químicos u otros medios.
• La bandeja deberá tener un pozo en el que se acumule la suciedad. El pozo estará dotado de válvula de desagüe.
• Los materiales empleados deberán ser resistentes a fuertes concentraciones de cloro. Se evitará el empleo de materiales que favorecen el desarrollo de bacterias y hongos como el cuero, madera, fibrocemento, hormigón o los derivados de la celulosa.

3. Programa de mantenimiento

Las principales actuaciones en la fase de funcionamiento de la instalación consisten en aplicar un buen mantenimiento consistente básicamente en la revisión, mantenimiento y limpieza periódica y exhaustiva de aquellas partes de la instalación que son susceptibles de deteriorarse o ensuciarse, con el fin de eliminar el substrato de alimentación de la bacteria. También es necesario un control de la calidad del agua del circuito, realizando las analíticas pertinentes donde se midan los parámetros de **evaluación de la calidad del agua.**

a) Revisión

Será la comprobación del estado de mantenimiento de la instalación, verificando que su funcionamiento es correcto, que no existe presencia de sedimentos, incrustaciones, productos de la corrosión, lodos y cualquier otro material que altere el buen funcionamiento de la instalación. Si se detecta algún componente deteriorado, se procederá a su reparación o sustitución.

b) Limpieza y desinfección

Se partirá siempre de la premisa: "una desinfección no es efectiva si no va acompañada de una limpieza exhaustiva previa".

Cuando las instalaciones sean de funcionamiento no estacional serán sometidas a una **limpieza y desinfección general del sistema completo, 2 veces al año**, como mínimo, preferiblemente al comienzo de la primavera y el otoño

El **proceso de mantenimiento y desinfección general**, para **equipos que puedan cesar en su actividad**, utilizando hipoclorito sódico o cualquier otro derivado clorado, es el siguiente:

- **Precloración** del agua del sistema, hasta conseguir al menos **5 mg/L** de cloro libre residual y añadir biodispersantes capaces de actuar sobre las biocapas o films que puedan existir en la instalación. Adicionar también anticorrosivos compatibles, manteniendo un pH entre 7 y 8. Durante todo el proceso, los ventiladores estarán desconectados y cuando sea posible, las aberturas cerradas para evitar la salida de aerosoles.

- **Recircular** el agua a través del sistema durante **3 horas**, midiendo el nivel de cloro residual libre al menos cada hora, reponiendo la cantidad perdida.

Los **ventiladores** se deberán desconectar durante la circulación del agua y, si es posible, se cerrarán las aberturas de la torre para evitar salidas de aerosoles.

Los **operarios** llevarán las **medidas de seguridad** adecuadas, como mascarillas protectoras, prendas impermeables y protecciones adecuadas al riesgo biológico y químico.

- Pasadas las 3 horas, **neutralizar el cloro. Vaciar** el sistema y aclarar con agua a presión.
- Realizar las operaciones de **mantenimiento mecánico** del equipo y reparar las averías detectadas, **desmontando** los componentes de la torre que lo requieran.
- **Limpiar las superficies** del equipo a fondo con detergentes y agua a presión y aclarar.
- Por último, llenar de agua y añadir el desinfectante de mantenimiento. Cuando este desinfectante sea cloro, se mantendrá unos niveles de cloro residual libre de **2 mg/L**, mediante una **dosificación automática**, añadiendo anticorrosivo compatible con el cloro en cantidad adecuada.
- Las piezas **desmontadas** serán limpiadas y desinfectadas.

La limpieza y desinfección, tanto del relleno como de la balsa y resto de componentes, de **torres de refrigeración industriales, sin posibilidad de parada**, se realizará al menos **2 veces al año**, preferiblemente en primavera y otoño.

Frecuencia mínima de actuaciones de mantenimiento y desinfección:

	Revisión	Limpieza	Desinfección
Condensador	Semestral	Semestral	Semestral
Relleno	Semestral	Semestral	Semestral
Bandeja	Mensual	Mensual	Mensual
Separador de gotas	Anual	Semestral	Semestral

4. Tratamiento de torres de refrigeración y dispositivos análogos (condensadores evaporativos) tras la aparición de casos de Legionelosis. (Según Real Decreto 865/2003).

5. Toma de muestras y controles analíticos

Las torres deben disponer de un dispositivo para la toma de muestras de agua en caso de no disponer de él, la muestra se tomará del agua de la bandeja.

Se controlarán las condiciones del agua mensualmente, mediante purga de agua sucia con restos y sedimentos de arrastre, reponiéndola de agua limpia, siempre que sea posible se optará por agua de la red y si se trata de una captación propia, el agua deberá de estar previamente tratada.

Con la adición de agentes biodispersantes y antiincrustantes, evitaremos la formación de depósitos calcáreos y evitaremos la corrosión de las partes metálicas del circuito.

Siempre que la torre no esté en uso deberá vaciarse el agua de la bandeja.

La recogida de las muestras para posterior análisis, se hará siempre en envases estériles, de cierre hermético, y adicionando tiosulfato sódico para inactivar los biocidas halógenos. Se transportarán al laboratorio, no debiendo almacenarse ni refrigerarse. En todo caso, se evitará la exposición de la muestra a la luz solar y a temperaturas extremas.

Controles analíticos

Las condiciones del agua se mantendrán bajo control en continuo, mediante aparatos automáticos para la purga de agua sucia con sedimentos del circuito y la reposición del agua limpia. Se vigilará la **calidad físico-química y microbiológica del agua** del sistema determinando los siguientes parámetros.

PARÁMETRO	FRECUENCIA
Cloro o biocida	Diaria
Temperatura	Mensual
pH	
Conductividad	
Turbidez	
Hierro Total	
Bacterias aerobias totales a 22°C y 37°C	
Sólidos Totales en Suspensión	
Legionella	15 días después tratamiento de choque En condiciones normales, Trimestral

Considerando que estos equipos funcionan, normalmente, a temperaturas superiores a 25°C, en el Real Decreto 865/2003, se recogen valores para algunos parámetros que son indicadores de la calidad del agua del circuito y la desviación de alguno/s de ellos puede incrementar la viabilidad de la legionella en los equipos.

Tabla 1: Parámetros indicadores de la calidad del agua en torres de refrigeración y condensadores evaporativos

Parámetros físico-químicos	Niveles
Turbidez	< 15 UNF
Conductividad	Valores que no produzcan corrosión ni incrustación
pH	6,5 > pH > 9
Hierro total	< 2mg/L
Nivel de biocida	Según especificaciones del fabricante. Si es Cloro una concentración de 2 mg/L.

Tabla 2: Acciones para torres de refrigeración y dispositivos análogos en función de los análisis microbiológicos de Legionella

Recuento de Legionella (UFC/L)	Acción propuesta
>100 <1000	Revisar el programa de mantenimiento y realizar las correcciones oportunas. Remuestreo a los 15 días.
> 1.000 < 10.000	Se revisará el programa de mantenimiento, a fin de establecer acciones correctoras que disminuyan la concentración de Legionella. Limpieza y desinfección de la Torre. Confirmar el recuento, a los 15 días. Si esta muestra es menor de 100 UFC/L, tomar una nueva muestra al cabo de un mes. Si el resultado de la segunda muestra es < 100 UFC/L continuar con el mantenimiento previsto. Si una de las dos muestras anteriores dan valores > 100 UFC/L, revisar el programa de mantenimiento e introducir las reformas Estructurales necesarias. Si supera las 1000 UFC/L, proceder a realizar una limpieza y desinfección de acuerdo con el Procedimiento de Limpieza y desinfección en caso de brote de legionelosis. Y realizar una nueva toma de muestras a los 15 días.
>10.000	Parar el funcionamiento de la instalación, vaciar el sistema en su caso. Limpiar y realizar un tratamiento de choque de acuerdo con el Procedimiento de Limpieza y Desinfección en caso de brote de legionelosis, antes de reiniciar el servicio. Y realizar una nueva toma de muestras a los 15 días.

Aerobios Totales: Con valores superiores a 10.000 UFC/ml será necesario comprobar la eficacia de la dosis y tipo de biocida utilizado y realizar un muestreo de Legionella.

4.2 Condensadores evaporativos

Los condensadores evaporativos son similares en estructura y función a las torres de refrigeración. En este caso el agua pulverizada cae directamente sobre un serpentín de tubo liso que contiene fluido refrigerante. La evaporación del agua que provoca la corriente de aire que asciende produce el enfriamiento de ésta y, en consecuencia, el enfriamiento del fluido refrigerante.

En términos generales estos aparatos entrañan menos riesgo de multiplicación de la Legionella debido a que trabajan con agua a menor temperatura que las torres de refrigeración. Sin embargo, las altas temperaturas ambientales que se alcanzan en nuestro entorno durante los meses estivales, cuando entran precisamente en funcionamiento estos aparatos, situados a la intemperie, pueden calentar el agua, lo suficiente como para permitir la multiplicación de la Legionella. Como sucede en las torres de refrigeración, la corriente de aire arrastra gran cantidad de gotitas, las más pequeñas de las cuales salen al exterior a través del separador de gotas y el agua que cae se recoge en una bandeja, donde se instala también un dispositivo que regula el aporte de agua de renovación.

Dada su similitud de funcionamiento y posibles peligros, le podemos aplicar los mismos tratamientos que para la Torres de Refrigeración en cuanto al diseño, programa de mantenimiento, programa de tratamiento y toma de muestras y controles analíticos.

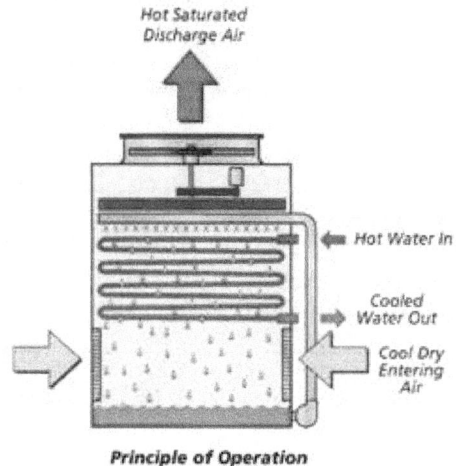

Principle of Operation

Zonificación de riesgos: puntos críticos

En el agua de las **torres de refrigeración y condensadores evaporativos**, los principales factores que favorecen la multiplicación de Legionella son: las altas temperaturas, especialmente en los meses estivales.

Corrosión e incrustaciones en los circuitos, que contribuyen a la multiplicación de Legionella a través de aporte de nutrientes como fosfatos, hierro, etc. y favoreciendo el acantonamiento de la bacteria en los biofilms o biopelículas adheridos a las tuberías del sistema.

Acumulación de suciedad, que puede propiciar la presencia de otros microorganismos como protozoos, favorecedores de la multiplicación de las bacterias, ya que los fagocitan y así la protegen físicamente frente a los desinfectantes.

Estancamiento de agua que se produce en la bandeja de las torres de refrigeración o en depósitos intermedios.

Puntos de riesgo:
- Tanques o depósito de almacenamiento de agua.
- Cubeta, área bajo la torre de refrigeración para recoger el agua enfriada.
- Áreas con acumulación visible de biopelícula (por ejemplo la bandeja).
- Cualquier compartimiento estanco de agua.

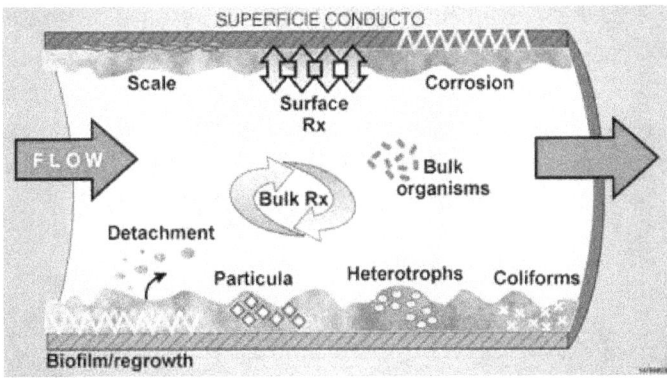

4.3. Circuitos de agua caliente con retorno

Es el Real Decreto 140/2003, de 7 de febrero, el que se establece los criterios sanitarios de la calidad del agua de consumo humano.

Como principio general podemos establecer que, todos los productos así como materiales y/o equipos que estén en contacto con el agua de consumo humano, por ellos mismos o por las prácticas de instalación que se utilicen, no transmitirán al agua de consumo humano sustancias o propiedades que contaminen o empeoren su calidad y supongan un incumplimiento de los requisitos especificados en el Anexo I del Real Decreto 140/2003 ó supongan un riesgo para la salud de la población abastecida.

Sin perjuicio de lo que disponga la autoridad sanitaria en cada caso, el agua destinada a la producción de agua de consumo humano podrá proceder de cualquier origen, siempre que no entrañe un riesgo para la salud de la población abastecida.

Procedencia:

1. Captación propia (manantial, pozo, sondeo, etc.)
Toda captación de agua superficial o subterránea cumplirá con el Real Decreto 849/1986, de 11 de abril, por el que se aprueba el Reglamento del Dominio Público Hidráulico, y Real Decreto 509/1996, de 15 de marzo, de desarrollo del Real Decreto-Ley 11/1995, de 28 de diciembre, por el que se establecen las normas aplicables al tratamiento de las aguas residuales urbanas y la ley de Aguas, tanto la nacional como la autonómica.

Cuando el agua que se utilice proceda de abastecimientos propios, como manantiales o pozos, las captaciones estarán protegidas contra la contaminación superficial y subterránea y tendrán que cumplir todos los requisitos sanitarios para su utilización.

2. Acometida desde la red municipal
Cuando el abastecimiento se produce desde una red municipal existirá una empresa gestora, encargada del control y vigilancia de la calidad de las aguas, de acuerdo al Real Decreto 140/2003, de 7 de febrero, por el que se establecen los criterios sanitarios de la calidad del agua de consumo humano.

La responsabilidad de la empresa gestora finaliza en el punto de entrega a otro gestor o en la llave de paso general de la acometida del consumidor, correspondiendo al consumidor o propietario del inmueble mantener la instalación interior a efectos de evitar modificaciones de la calidad del agua de consumo humano desde la acometida hasta el grifo.

4.4. Sistema de agua caliente sanitaria

El agua caliente sanitaria (ACS, en adelante), es el agua de consumo humano que es calentada por diversos sistemas y suministrada a la red interna para su uso.

1. Definición y tipos de acumuladores

El término **agua caliente sanitaria** se aplica tradicionalmente al agua potable de consumo humano que ha sido sometida a algún proceso de calentamiento, haciéndose la salvedad de que el término "**sanitaria**" aplicado al "agua caliente", es aplicable a todo el agua caliente producida para consumo humano, con garantías de calidad higiénico-sanitarias; independientemente de la finalidad, edificio o institución a la que sea destinada, y ya sea para uso a nivel individual o por colectivos. Es necesario diferenciarla del agua caliente utilizada para otros usos como, calefacción, climatización, lavanderías, etc. u otros fines de carácter industrial; de ahí qué se conceptúe como **agua primaria o industrial**, la producida directamente en calderas de agua caliente.

Cuando el agua es calentada para grandes edificaciones de uso colectivo, se realiza de forma centralizada. En este sistema los focos caloríficos son calderas centrales instaladas en Salas de Calderas, pudiendo funcionar mediante combustibles sólidos, líquidos o gaseosos. El agua caliente sanitaria se obtiene por calentamiento indirecto en intercambiadores de calor, a donde llega un circuito primario desde la caldera, (en circuito cerrado), que cede el calor al agua contenida en el circuito secundario del foco calorífico.

Componentes del sistema centralizado de producción de ACS:

• El **distribuidor** es la tubería que en horizontal conduce el agua a las columnas.
• La **columnas** (montantes) son las tuberías de trazado vertical que partiendo del distribuidor conducen el agua a las distintas plantas del edificio.
• Las **derivaciones** son las tuberías que partiendo de las columnas y en recorrido horizontal alimentan de agua caliente a todos los puntos de consumo.

- La **red de retorno**, constituida por la tubería de vuelta desde el punto de consumo más alejado hasta la central de producción, que manteniendo una recirculación de agua caliente permite la disponibilidad rápida del agua caliente en todos los puntos de consumo. Si no existe este retorno, el agua caliente queda en la red de distribución mientras no exista demanda de la misma y por consiguiente perdiendo progresivamente calor y bajando por tanto su rango de temperaturas.
- La **bomba de recirculación** instalada en la tubería de retorno que mueve un cierto caudal de agua, a través de las tuberías de distribución, tuberías de retorno y depósitos de acumulación, tiene la función de mantener constante la temperatura del agua en todos los puntos de la red de distribución.
- **Depósitos de ACS sin boca de hombre**: Son aquellos que por su pequeño tamaño, inferior a una acumulación de 750 litros, no llevan dicho acceso.
- **Depósitos de ACS con boca de hombre**: Son aquellos que tienen un volumen de acumulación de al menos 750 litros y llevan un acceso para la inspección y limpieza con un diámetro mínimo de 400 mm. Pueden ser verticales y horizontales.

La producción centralizada de ACS se obtiene en términos genéricos, mediante el **intercambio térmico** entre un fluido caliente primario (aceite térmico o más frecuentemente agua caliente) y un circuito secundario recorrido por agua, que tras calentarse a la temperatura requerida, constituirá lo que denominamos agua caliente sanitaria (ACS). Para ello se emplean los llamados intercambiadores de calor, que son dispositivos utilizados para transferir energía térmica de un fluido a otro. El ACS se obtiene por calentamiento indirecto.

El **intercambiador de calor** se alimenta térmicamente mediante un circuito cerrado de agua caliente producida en una caldera. El intercambiador debido a su pequeño volumen tiene el inconveniente de que al depender la temperatura del ACS producida del caudal de consumo demandado, (y si bien es verdad que el recorrido del serpentín está calculado para que la temperatura de salida del ACS sea la deseada), realmente cuando la demanda es grande, existe la imposibilidad de que el agua de salida no alcance la temperatura deseada.

Por ello el sistema más completo es la **producción centralizada de ACS con acumulación**, disponiéndose así de un volumen de reserva para compensar la demanda de un determinado momento.

Un tipo de **intercambiador** muy extendido en su aplicación, de tipo **multitubular.** Está constituido fundamentalmente por un haz tubular, por cuyo interior circula el agua caliente primaria (calentada mediante caldera), colocado en el interior de una carcasa cilíndrica, circulando el agua a calentar (ACS) por el espacio existente entre el ha tubular y la carcasa.

Para disponer de un volumen de reserva de ACS el haz tubular se sitúa en un depósito donde el agua además de calentarse, se almacena, obteniéndose así un volumen de reserva para compensar la demanda. Este conjunto es el que se conoce como **interacumulador**, donde se observa en un depósito convencional, que el circuito primario está formado por el serpentín que se conecta a la caldera, teniéndose como reserva el circuito secundario; lo que garantiza que antes de agotarse el volumen de ACS dará tiempo a calentarse el agua fría de aportación, existiendo pues un volumen de acumulación y otro de producción que aseguran el servicio.

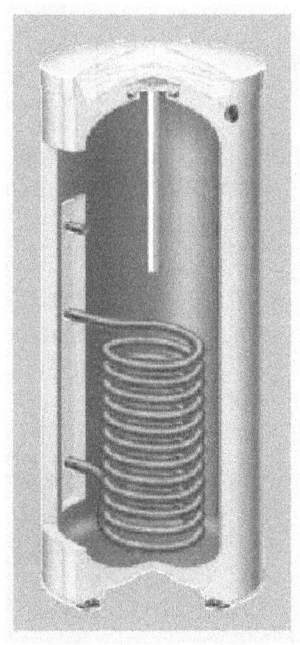

Otro tipo de intercambiador muy extendido para este uso es el **intercambiador de placas**. Este tipo surgió cuando su diseñador el Dr. R. Seligman trataba de solucionar los problemas de limpieza en los intercambiadores empleados en la industria alimentaria de EE.UU.

Para ello, pensó inicialmente en dividir los tubos de intercambio de calor en dos mitades a fin de que pudieran ser abiertos y limpiados más fácilmente, acabando finalmente por imprimir cada mitad del tubo en unas placas que al unirse de dos en dos, formaban el conjunto de tubos del intercambiador, que pasó a denominarse "de placas".

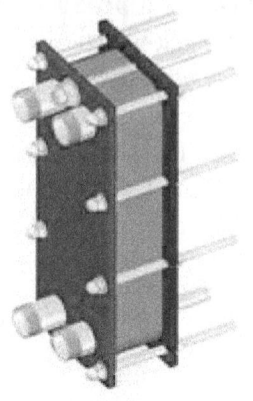

El **intercambiador de placas** es, en definitiva, un dispositivo que permite a dos fluidos que circulan a contracorriente, cada uno por un lado de una placa metálica corrugada, intercambiar energía térmica. Los intercambiadores de placas están integrados, por tanto, por un paquete de placas metálicas corrugadas de forma especial y con orificios para el paso de los fluidos, que se acoplan unas en otras en mayor o menor número, según las necesidades térmicas, en un bastidor metálico que las sostiene unidas. El bastidor está formado por una placa frontal fija y otra móvil, que permite abrir o cerrar el intercambiador para su limpieza, reparación o una posible ampliación.

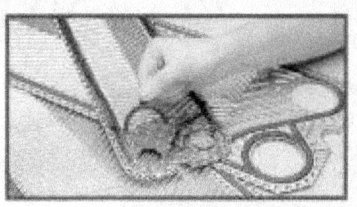

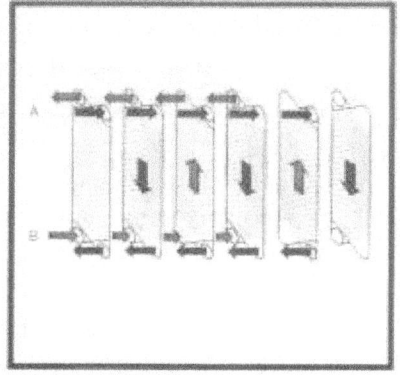

Esquema de fluido

Cada placa tiene cuatro orificios por los que circulan los fluidos, mientras que la junta estanca, que hace de cierre por presión entre placas, permite, según su colocación, la circulación del fluido deseado por cada cara de la placa. Así mismo, las placas están dotadas de una serie de nervios y concavidades con el fin de lograr una mayor rigidez, mantener constante la separación entre ellas, aumentar la superficie de intercambio y aumentar la turbulencia. Los materiales más usualmente empleados en la construcción de las placas son los aceros inoxidables y aleaciones de níquel, cromo y titanio mientras que para las juntas se emplean siliconas, caucho natural y sintético, etc.

Como **ventajas** de este tipo de intercambiador, destacamos: elevada turbulencia, elevado valor del coeficiente de transmisión superficial, menores pérdidas caloríficas, menor espacio necesario, accesibilidad a ambas caras de cada placa para su inspección y limpieza; y facilidad para sustituir elementos para reparaciones o realizar ampliaciones de los mismos.

Como **inconveniente** reseñamos: en caso de ser necesaria la limpieza química del intercambiador, debe tenerse especial cuidado en que las juntas no sean atacadas por el agente limpiador que puede deteriorarlas e incluso destruirlas.

Al estar este tipo de intercambiador situado exterior al acumulador de ACS, se facilitará por consiguiente la posterior limpieza del referido acumulador.

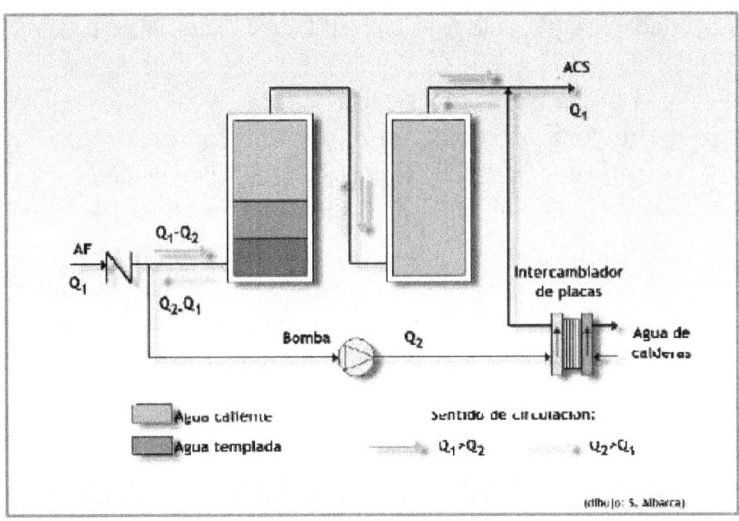

Producción centralizada de ACS mediante intercambiador de placas con dos depósitos acumuladores conectados en serie.

2. Diseño

El diseño de las instalaciones de ACS contemplará una buena práctica de ingeniería, teniendo muy en cuenta la flexibilidad de uso y mantenimiento de la instalación, de tal forma que la zonificación de circuitos permita aplicar tratamientos de desinfección bien térmicos o químicos, con comodidad para los técnicos de mantenimiento y usuarios en general, a fin de no afectar a la actividad de la totalidad del edificio.

La elección del sistema adecuado de preparación de ACS debe justificarse en función de la demanda, la atención al servicio y el uso racional de la energía, compatibles con el tipo de edificio. La producción, almacenamiento, distribución, elección de válvulas mezcladoras, sistema de control, equilibrado hidráulico de circuitos, materiales a emplear, facilidad de mantenimiento, etc son consideraciones fundamentales para ser tenidas muy en cuenta al diseñar una instalación de ACS, sin ignorar por supuesto la calidad de agua que va a alimentar a la misma.

El Reglamento de Instalaciones Térmicas en los Edificios (RITE) establece la Producción Centralizada de Agua caliente sanitaria:

Temperaturas de Preparación.

El ACS se preparará a la temperatura mínima que resulte compatible con su uso, considerando las pérdidas en la red de distribución. En relación con la temperatura de preparación y almacenamiento del ACS, en aquellos edificios que incorporen sistemas centralizados con acumulación que den servicio principalmente a duchas para el aseo personal y que tengan como destino el alojamiento colectivo de personas, tales como hospitales, clínicas, residencias, viviendas, cuarteles, cárceles, vestuarios de complejos deportivos y cualquier otro edificio de uso similar, deberán tenerse en consideración las reglas y criterios de proyecto contenidos en los apartados correspondientes de la norma UNE 100030 "Prevención de la Legionella en instalaciones de edificios".

Sistemas de Preparación.

La elección del sistema de preparación de ACS deberá justificarse en función de la demanda, la adecuada atención al servicio y el uso racional de la energía. Por razones sanitarias, no está permitido producir el ACS mezclando agua fría con vapor, condensado o agua de caldera.

Redes de Distribución.

Las redes de distribución de ACS se diseñarán de tal manera que se reduzca al mínimo el tiempo transcurrido entre la apertura del grifo y la llegada del agua caliente. Para ello, la red de distribución estará dotada como regla general, de una red de retorno que se procurará llevar lo más cerca posible de la entrada al contador. Podrán utilizarse otros sistemas, siempre que su consumo energético quede justificado. La tubería de entrada de agua fría en la central de preparación y la de retorno de agua caliente dispondrá de sendas válvulas de retención.

El material de las tuberías debe resistir la presión de servicio a la temperatura de funcionamiento y la acción agresiva del agua caliente. Las redes de distribución se aislarán según lo indicado en el RITE.

Elementos de Control.

Las instalaciones de preparación de ACS de tipo centralizado estarán equipadas, por lo menos, con los siguientes elementos de control de tipo proporcional: Control y limitación de la temperatura del agua acumulada. Control de la temperatura del agua a la entrada de la red de distribución, cuando sea diferente de la de almacenamiento.

Prevención de la Corrosión.

Es en la etapa de diseño donde hay que adoptar diferentes medidas de acuerdo con la norma UNE 112076:2004 "prevención de la corrosión en circuitos de agua" con el fin de prevenir la corrosión de todos aquellos elementos o partes de las instalaciones susceptibles de sufrir este fenómeno físico-químico.

Las prescripciones que siguen están especialmente indicadas para las instalaciones de agua caliente sanitaria con sistemas de preparación centralizados con depósitos de acumulación al servicio de edificios destinados a hospitales, clínicas, hoteles, etc. y cualquier otro edificio de uso similar.

La temperatura de almacenamiento del agua caliente no debe ser menor que 60°C. Esta temperatura es un compromiso entre la necesidad de ofrecer un nivel de temperatura aceptable para el usuario, para prevenir el riesgo de quemaduras y la de alcanzar una temperatura suficiente para evitar la multiplicación de la bacteria.

El sistema de calentamiento deberá ser capaz de llevar la temperatura del agua hasta 70°C o más para su desinfección.

La temperatura de distribución no podrá ser inferior a 50°C en el punto más alejado del circuito. Para evitar oscilaciones excesivas de temperatura del ACS es fundamental hacer una selección correcta de la válvula mezcladora termostática. La incorporación de una válvula con control todo-nada puede facilitar el tratamiento térmico de desinfección de la instalación.

Los depósitos estarán bien aislados para evitar el descenso de la temperatura hacia el intervalo de máxima proliferación de la Legionella, y estarán dotados de una boca de registro para la limpieza interior y de una conexión para el acoplamiento de una válvula de vaciado. Las superficies interiores han de ser resistentes a la agresividad del agua a 70°C y al cloro, recomendándose el acero inoxidable y algunos revestimientos protectores del acero común.

Cuando se trate de sistemas de acumulación de gran volumen, se recomienda que el intercambiador de calor esté situado fuera del depósito de acumulación con el fin de facilitar las operaciones de limpieza de ambos. El intercambiador será preferentemente de placas

Con el fin de favorecer la estratificación del agua y evitar que se mantenga todo el volumen de agua almacenada a una temperatura constante en todo el volumen del acumulador y no exista una degradación a lo largo del acumulador. Evitando que el estrato de volumen de agua cercano a la boca de entrada de agua caliente, el agua tenga una mayor temperatura que en el estrato cercano a la boca de salida donde el agua estaría más fría, pudiendo por tanto existir estratos donde la temperatura sea la ideal para la viabilidad y proliferación de Legionella, la conexión de los depósitos se hará en serie (según recomienda la norma UNE 100030:2001 y serán instalados verticalmente, con la entrada de agua por la parte inferior y salida por la superior.

En la entrada de agua fría conviene instalar un elemento, como por ejemplo deflectores, que reduzca la velocidad residual del agua. En sistemas dotados de los llamados "interacumuladores", de pequeño volumen de almacenamiento, se puede admitir que el intercambiador está situado en el interior del depósito, siempre que el fabricante garantice el acceso a todas las partes interiores y emplee materiales que impidan la adherencia de la suciedad y de las formaciones calcáreas. Estos depósitos podrán instalarse en paralelo sobre el circuito de agua sanitaria, dada la elevada potencia del intercambiador y, por tanto, el corto tiempo de preparación.

Los materiales en contacto con el agua deben ser capaces de resistir la acción combinada de la temperatura y de los desinfectantes. Para los depósitos están indicados los aceros inoxidables (con ciertos tipos de agua el acero inoxidable F 3504 o AISI 304 puede no ser adecuado) y algunos revestimientos protectores del acero común.

Para las tuberías están indicados el cobre, el acero inoxidable y algunos materiales plásticos resistentes a La presión y temperatura.

La red de retorno de agua caliente sanitaria que constituye, de por sí un riesgo de multiplicación de la Legionella por su capacidad de retención del agua, se dispondrá de tal forma que se asegure una temperatura mínima de 50°C en toda la red, disponiendo de una bomba de recirculación con válvula de retención. Se preverán puntos para tomas de muestras de agua de retorno.

La red de retorno podrá ser sustituida por un sistema trazador de las tuberías de impulsión (tracing), mediante cables calefactores para tuberías de ACS que asegure una temperatura mínima de 50°C en toda la red (según Norma UNE 100030:2001).

En la red de alimentación a las duchas de baños, la tubería de acometida de agua a la cabeza difusora y la misma cabeza quedarán vacías cuando la ducha no esté en uso.

Actualmente existen ya soluciones técnicas comercializadas que contemplan procesos automáticos de tratamientos de desinfección térmica anti-Legionela en instalaciones centralizadas de producción de ACS. Durante el periodo de tratamiento térmico, el agua caliente pasará a través de una válvula todo-nada en bypass, para tratamiento de choque térmico de la red, que garantiza que el caudal del agua caliente sea recirculada desde el depósito de almacenamiento a través de todas las tuberías de distribución. Transcurrido el tiempo de tratamiento térmico, la válvula anterior se cerrará y, entonces actuará la válvula mezcladora termostática, que evitará que el agua caliente a alta temperatura se distribuya a las zonas habitadas y pueda producir un accidente.

Esta válvula mezcladora termostática, en realidad, efectuará una labor de limitación de la temperatura del ACS cuando ésta exceda el rango de temperatura de la válvula, funcionando de forma completamente automática, de manera tal que una cápsula termostática permanente sumergida en el caudal del ACS se dilata o contrae regulando el paso de la mezcla.

3. Programa de mantenimiento

La red interna de agua caliente sanitaria es la parte que tiene más riesgo de contaminarse con *Legionella*. Los serpentines de calefacción o los circuitos de los intercambiadores y los acumuladores de calor se pueden recubrir fácilmente de incrustaciones que pueden descamarse y sedimentar junto con otras partículas en suspensión presentes en el agua, formando un sedimento que debilita la potencia térmica del sistema y provoca un descenso de la temperatura. De esta manera se facilita el crecimiento de microorganismos y se crean condiciones óptimas para su protección y proliferación.

Es necesario pues, un buen programa de mantenimiento para que los sistemas de agua caliente estén libres de incrustaciones y corrosiones.

3.1 Red de agua caliente

La revisión del estado de conservación y limpieza de la instalación se realizará:
• Trimestralmente en los depósitos acumuladores
• Limpieza y desinfección de todos los filtros y posibles sistemas de tratamiento del agua, comprobando que funcionen todas las válvulas de los circuitos y que los desagües no estén obstruidos.
• Inspección visual de la red y, en especial de los intercambiadores y acumuladores.
• Comprobación de la central de regulación de agua caliente sanitaria, actuando sobre todos los termostatos y ajustando, si procede, sus valores de consigna.
• Comprobación del funcionamiento de los motores de las válvulas motorizadas.
• Control de los consumos del agua fría que se incorpora al circuito y de la caliente, así como de la temperatura en las diferentes etapas del proceso de calentamiento.
• Mensualmente en un número representativo, rotatorio a lo largo del año, de los puntos terminales de la red interior (grifos y duchas), de forma que al final del año se hayan revisado todos los puntos terminales de la instalación.
• Mensualmente se realizará la purga de válvulas de drenaje de las tuberías
• Semanalmente la purga del fondo de los acumuladores

- Semanalmente, se abrirán los grifos y duchas de habitaciones o instalaciones no utilizadas, dejando correr el agua unos minutos.

La limpieza y desinfección se realizará al menos una vez al año en la instalación completa, y además en los siguientes supuestos:

- Cuando se ponga en marcha la instalación por primera vez
- Tras una parada superior a un mes
- Tras una reparación o modificación estructural
- Cuando una revisión general así lo aconseje
- Cuando lo determine la autoridad sanitaria.

Podrá utilizarse el procedimiento de desinfección con cloro, se actuará igual que en la red del sistema de agua fría o desinfección térmica. **Procedimiento para realizar la desinfección térmica:**

- Vaciar el sistema, y si fuera necesario limpiar a fondo las paredes de los depósitos, limpiar acumuladores, realizar las operaciones necesarias y aclarar con agua limpia.
- Llenar el depósito acumulador y elevar la temperatura del agua hasta 70°C y mantener al menos durante 2 horas. Posteriormente abrir por sectores todos los grifos y duchas, durante 5 minutos, de forma secuencial. Confirmar la temperatura para que en todos los puntos terminales de la red se alcance una temperatura de 60°C.
- Vaciar el depósito acumulador y volver a llenarlo para su funcionamiento habitual.

3.2 Depósitos acumuladores e intercambiadores de calor

Los depósitos acumuladores se purgarán semanalmente para el arrastre de sedimentos, y evitar su acumulación.

Es recomendable realizar las operaciones de limpieza y desinfección con una periodicidad al menos anual de acuerdo con el esquema recogido en la normativa vigente.

3.3 Grifos y duchas

Conforme frecuencia mínima establecida anteriormente, es necesario realizar la limpieza y desinfección sistemática de los grifos y duchas. Los que estén en estado deficiente por corrosión, incrustación u otros defectos, habrán de ser cambiados. Los nuevos también se limpiarán y desinfectarán antes de ponerlos en servicio.

4. Tratamiento en caso de brote

En primer lugar se deberá realizar un tratamiento de choque de toda la red, incluyendo el sistema de distribución de agua caliente sanitaria, con objeto de llevar a cabo una desinfección lo más rigurosa posible, que deberá ir seguido de un tratamiento posterior mantenido de forma continuada. Mientras duren estos tratamientos se deberá avisar a los usuarios que no deben beber agua sometida a tratamiento y sobre la posibilidad de quemaduras u otro tipo de accidentes.

a) Tratamiento de choque
Dependiendo del tipo de desinfección se seguirá un procedimiento u otro:

a.1) Procedimiento a seguir en caso de Desinfección con cloro:
• Clorar con 15 mg/L de cloro residual libre, manteniendo el agua por debajo de 30°C y a un pH de 7-8, y mantener durante 4 horas (alternativamente se podrán utilizar cantidades de 20 ó 30 mg/L de cloro residual libre, durante 3 ó 2 horas, respectivamente).
• Neutralizar, vaciar, limpiar a fondo los depósitos, reparar las partes dañadas, aclarar y llenar con agua limpia.
• Reclorar con 4-5 mg/L de cloro residual libre y mantener durante 12 horas. Esta cloración debería hacerse secuencialmente, es decir, distribuyendo el desinfectante de manera ordenada desde el principio hasta el final de la red.
• Abrir por sectores todos los grifos y duchas, durante 5 minutos, de forma secuencial comprobar en los puntos terminales de la red 1-2 mg/L.
• La limpieza y desinfección de todas las partes desmontables y difíciles de desmontar se realizará:

-Elementos desmontables (grifos, duchas, etc)
Se limpiarán a fondo con los medios adecuados que permitan la eliminación de incrustaciones y adherencias y se sumergirán en una solución que contenga 20 mg/L de cloro residual libre, durante 30 minutos, aclarando posteriormente con abundante agua fría; si

por el tipo de material no es posible utilizar cloro, se deberá utilizar otro desinfectante autorizado.

Los elementos difíciles de desmontar o sumergir se cubrirán con un paño limpio impregnado en una solución que contenga 20 mg/L de cloro residual libre durante 30 minutos.

Es preciso confirmar la distribución del cloro en toda la red. Es necesario renovar todos aquellos elementos de la red en los que se observe alguna anomalía, en especial los alterados por efectos de corrosión o incrustación.

a.2) En el caso de la desinfección térmica, el procedimiento a seguir será el siguiente:
• Vaciar el sistema, y si fuera necesario limpiar a fondo las paredes de los depósitos, limpiar acumuladores, realizar las operaciones necesarias y aclarar con agua limpia.
• Elevar la temperatura del agua caliente a 70°C o más en el acumulador, durante al menos 4 horas. Posteriormente, abrir por sectores todos los grifos y duchas durante 10 minutos de forma secuencial. Comprobar la temperatura para que en todos los puntos terminales de la red se alcancen 60°C.

b) Tratamiento continuado
Independientemente del procedimiento de desinfección seguido, se debe proceder al tratamiento continuado del agua durante tres meses de forma que, en los puntos terminales de la red, se detecte 1-2 mg/L de cloro residual libre para el agua fría y que la temperatura de servicio en dichos puntos para el agua caliente sanitaria se sitúe entre 55 y 60°C.

Estas actividades quedarán registradas en el registro de mantenimiento. Posteriormente se continuará con las medidas de mantenimiento habituales.

5. Toma de muestras y Controles analíticos

Para el control de la calidad del agua es necesario establecer una serie de puntos de muestreo. Para esta selección se revisarán los planos de la red interior y se determinarán los puntos más representativos y accesibles, tanto de la red de agua fría como de agua caliente, preferiblemente en los puntos finales de red. En el caso de que haya ramificaciones de la red que suministre a diversos bloques, se recomienda aumentar los puntos de muestreo (uno por cada bloque).

Recoger el agua en envases estériles, de cierre hermético, conteniendo tiosulfato sódico para inactivar los biocidas halógenos.

Para los grifos, cabezas de duchas y parte final de las conducciones se recomienda recoger una muestra con una torunda estéril e introducir la misma en un tubo estéril, de cierre hermético, que rellenamos con agua tomada del mismo origen.

A continuación las muestras se transportan al laboratorio. No deben almacenarse ni refrigerarse, pero deben evitarse las temperaturas extremas y la exposición a la luz solar.

Controles analíticos:

Depósitos acumuladores:
-Diariamente, se medirá la temperatura, no debe ser inferior a 60°C.

* Red agua caliente sanitaria:
-Mensualmente, medida de temperatura, en una muestra representativa de grifos (muestra rotatoria), incluyendo lo más cercanos y los más alejados de los acumuladores, no debiendo ser inferior a 50°C.

-Anualmente la temperatura deberá ser comprobada en todos los grifos y duchas, esta medida se podrá realizar de forma parcial y diaria, de forma que se midan todos los puntos a lo largo del año.

-Una vez al año, se realizará una determinación de Legionella en muestras de puntos representativos de la instalación.

6. Zonificación de riesgos: puntos críticos

Definimos punto crítico como el lugar o zona donde se puede producir la reproducción de Legionella.

En el **sistema de distribución de agua potable**, la red interna de agua caliente es la que presenta mayor riesgo de contaminación por Legionella, debido a que se producen con facilidad incrustaciones en los serpentines de calefacción o en los circuitos intercambiadores y acumuladores de calor, que pueden descamarse y sedimentar junto a otras partículas en suspensión presentes en el agua, formando un sedimento que provoca un descenso de la temperatura al disminuir la potencia térmica del sistema. Los puntos de riesgo en el sistema de distribución de agua potable son:

- Entrada de agua de la red de agua potable a las instalaciones.
- Puntos distales de la red:
    1. Grifos.
    2. Duchas.
    3. Depósitos de agua.
- Entre otros puntos posibles, podemos destacar en una instalación, con carácter general y en relación a lo expuesto, entre otros, como **puntos críticos de riesgo** los que a continuación destacamos.

   1. Aljibes de almacenamiento de agua
   2. Depósitos acumuladores de agua caliente sanitaria (ACS)
   3. Red de retorno de circuitos de distribución de ACS
   4. Grifos y alcachofas del circuito de agua
   5. Tramo ciego de tubería de agua

4.5 Bañeras y piscinas de hidromasaje de uso colectivo

1. Definición y tipos

Las bañeras o piscinas denominadas terapéuticas, son estructuras artificiales que contienen agua y están diseñadas para dirigir hacia el cuerpo humano agua mezclada con aire o agua a presión. Persiguen fines recreacionales, terapéuticos y de relajación fisiológica y psicológica. Presentan un cierto riesgo para la aparición de Legionella, debido a su temperatura, que suele estar entre 32°C y 40°C, a la recirculación del agua y al elevado aumento de la interfase entre el agua y el aire como consecuencia de la inyección de potentes chorros de agua y aire. Tipos de bañeras de hidromasaje.

Es importante diferenciar las bañeras de llenado y vaciado de las que tienen recirculación. En las primeras la limpieza del agua se mantiene por el vaciado y renovación completa del agua después de cada uso. En las segundas, la limpieza del agua se mantiene por circulación a través de filtros y desinfección.

2. Tratamiento del agua

Desinfección del agua

En todo momento se debe mantener en el agua un nivel adecuado de desinfectante residual, por lo que se recomienda la dosificación automática. Los desinfectantes que pueden utilizarse son diversos (cloro, bromo, etc) y deberán tener la homologación sanitaria del Ministerio de Sanidad y Consumo y mantener un nivel residual de desinfectante.

Los niveles recomendados son los siguientes:
- Cloro Residual Libre: entre 0,8 y 2 mg/L
- Bromo Residual Libre entre 2 y 4 mg/L manteniendo un pH entre 7,2 y 7,8.

El uso de Bromo está recomendado en agua templada, ya que su evaporación es menor y por tanto, también disminuye el efecto irritante que pueden provocar los vapores de desinfectante.

En general, se recomienda:
- Las bañeras de hidromasaje recién instalada, antes de su funcionamiento inicial se procederá a su limpieza y desinfección con 100 mg/L de cloro durante 3 horas o 15 mg/L de cloro durante 24 horas. En caso de bañeras que dispongan de sistema de recirculación, se pondrá en funcionamiento este sistema, durante 10 minutos como mínimo, para hacer llegar el agua a todos los elementos del sistema.
- En los balnearios el agua no se somete a ningún tratamiento, pero en caso necesario, las instalaciones sí pueden ser cloradas. Si se detecta contaminación en la fuente origen de las aguas termales ésta se puede tratar con ozono o rayos ultravioleta.

3. Toma de muestras y Controles analíticos

Se realizará en el agua de la piscina

Controles analíticos

Diariamente, se realizarán al menos dos controles de nivel de desinfectante y pH, cuyos resultados deberán ser anotados en el registro de mantenimiento. Es de aplicación también el *Decreto 23/1999, de 23 de febrero, por el que se aprueba el Reglamento Sanitario de las Piscinas de Uso Colectivo* que recomienda dos análisis mensuales de la calidad físico-química y microbiológica del agua del vaso de la piscina.

4.6. Piscinas con recirculación de uso colectivo

1. Diseño

Todas las piscinas de hidromasaje con recirculación deberán contar con un sistema de depuración del agua recirculada que, como mínimo, constará de filtración y desinfección automática en continuo.

La bomba de recirculación y los filtros deben de estar dimensionados para garantizar un tiempo de recirculación máximo de 30 minutos (el equipo debe de ser capaz de recuperar una turbidez de 0,5 UNF al menos una vez durante las cuatro horas siguientes al momento de máxima afluencia).

La velocidad máxima recomendada para filtros de arena es de 36,7 $m^3/(m^2 \cdot hora)$.

El agua debe ser renovada continuamente a razón de 3 m^3/hora para cada 20 usuarios durante las horas de uso.

2. Programa de mantenimiento

a) Revisión:

Mensualmente se revisarán los elementos de la piscina, especialmente los conductos y los filtros.

En todo momento se debe mantener en el agua un nivel adecuado de desinfectante residual.

Cada 6 meses, como mínimo, se realizará la revisión, limpieza y desinfección sistemática de las boquillas de impulsión, los grifos y las duchas y se sustituirán los elementos que presenten anomalías por fenómenos de corrosiones, incrustaciones u otros. Los elementos nuevos deben desinfectarse antes de su puesta en servicio, con una solución de 20 a 30 mg/L de cloro durante un tiempo mínimo de 30 minutos, y posteriormente se procederá a su aclarado.

b) Limpieza y desinfección:

Diariamente, al finalizar el día se limpiará el revestimiento del vaso, asimismo se adicionará el cloro o bromo hasta alcanzar en el agua del sistema 5 mg/L, recirculando el agua un mínimo de cuatro horas por todo el circuito. Cada seis meses, como mínimo, se realizará la limpieza y desinfección sistemática de las boquillas de impulsión.

Periódicamente, de acuerdo con las características técnicas y requerimientos de cada tipo de filtro, se realizará la limpieza o sustitución de los mismos. Semestralmente se procederá a la limpieza y desinfección de todos los elementos que componen la piscina, tales como depósitos, conducciones, filtro, vaso, difusores y otros, de acuerdo con el procedimiento de limpieza y desinfección para agua caliente sanitaria.

4.7. Recogida de muestras para aislamiento de Legionella

(Anexo 6 Real Decreto 865/2003)

a) En depósitos de agua caliente y fría (acumuladores, calentadores, calderas, tanques, cisternas, aljibes, pozos,...) se tomará aproximadamente un litro de agua de cada uno, preferiblemente de la parte baja del depósito, recogiendo, si existieran, materiales sedimentados. Medir temperatura del agua y cantidad de cloro libre y anotar.

b) En la red de agua fría y caliente, se tomarán muestras de agua de los puntos terminales de la red (duchas, grifos, lavamanos), preferiblemente de habitaciones relacionadas con enfermos, así como de algún servicio común, intentando elegir habitaciones no utilizadas en los días previos a la toma. En la red de agua caliente se deberán tomar muestras de la salida más cercana y de la más lejana al depósito, de la salida más cercana al punto de retorno y de otros puntos terminales considerados de interés. Se tomará un litro de agua, recogiendo primero una pequeña cantidad (unos 100 ml) para después rascar el grifo o ducha con una torunda que se incorporará en el mismo envase y recoger el resto de agua (hasta aproximadamente un litro) arrastrando los restos del rascado. Medir temperatura del agua y cantidad de cloro libre.

c) En torres de refrigeración, condensadores evaporativos u otros aparatos de refrigeración que utilicen agua en su funcionamiento y generen aerosoles, se tomará un litro de agua del depósito (en el punto más alejado del aporte) y del retorno. Recoger posibles restos de suciedad e incrustaciones. Medir la temperatura del agua y la cantidad de cloro libre.

Dependiendo del estudio epidemiológico, se tomarán muestras de otras instalaciones como piscinas, pozos, sistemas de riego, fuentes, instalaciones termales, así como de otros equipos que aerosolicen agua, como nebulizadores, humidificadores o equipos de terapia personal. En estos supuestos el número de puntos a tomar muestra de agua dependerá del tipo de instalación y su accesibilidad, y el volumen de agua a tomar dependerá de la cantidad de agua utilizada en su funcionamiento. En cualquier caso se deberá medir la temperatura y el cloro.

Las muestras deberán recogerse en envases estériles, a los que se añadirá un neutralizante. Deberán llegar al laboratorio lo antes posible, manteniéndose a temperatura ambiente y evitando temperaturas extremas.

d) Normas de transporte. Será de aplicación el Acuerdo Europeo de Transporte Internacional de Mercancías Peligrosas por Carretera (ADR 2003), o el Reglamento sobre Mercancías Peligrosas de la Asociación de Transporte Aéreo Internacional IATA-DGR (44 edición, enero 2003). Se acondicionará para el transporte de forma que se contemplen los tres niveles de contención recomendados por la ONU y se especificará en el paquete externo «Espécimen diagnóstico embalado con las instrucciones 650».

Los recipientes serán los adecuados para evitar su rotura, serán estancos, deberán estar contenidos en un embalaje secundario a prueba de filtraciones y un paquete externo que proteja al secundario y su contenido de agresiones externas.

```
DATOS QUE DEBEN ACOMPAÑAR A CADA MUESTRA (AGUA O CEPA)

Tipo de muestra:  Agua ☐     Cepa ☐      Otra ☐        (especificar): _____
Tipo de edificio:  Hotel:_ _ _ _ _ _ _ _ _ _ _ _ _ _ _ _ _ _ _ _ _ Habitación nº_ _ _ _
                   Hospital: _ _ _ _ _ _ _ _ _ _ _ _ _ _ _ _ _ _ _ Habitación nº _ _ _ _
                   Otro: _ _ _ _ _ _ _ _ _ _ _ _ _ _ _ _ _ _ _ _ _ Habitación nº _ _ _ _
Edificio asociado a casos de legionelosis: Sí ☐       No ☐
Un caso ☐       (fecha):__/__/__  varios casos ☐      (fechas):_ _ _ _ _ _ _ _ _
Localidad:_ _ _ _ _ _ _ _ _ _Ciudad:_ _ _ _ _ _ _ _ _ _Provincia:_ _ _ _ _ _ _ _
Agua de red: Grifo ☐     Ducha ☐      Otro ☐       (especificar)_ _ _ _ _ _ _ _
             Fría ☐      Caliente ☐              Temperatura:_ _ _ _ Cloro:_ _ _ _ _
Depósito de agua: Fría☐       Caliente☐          Temperatura:_ _ _ _ Cloro:_ _ _ _ _
Torre de refrigeración: ☐          (lugar):_____Temperatura:_ _ _ _ Cloro:_ _ _ _ _
Piscina: ☐          (nombre):_ _ _ _ _ _ _ _ _ _ _Temperatura:_ _ _ _ Cloro:_ _ _ _ _
Otra instalación: ☐     (especificar)_____ Temperatura:_ _ _ _ Cloro:_ _ _ _ _
Observaciones:_ _ _ _ _ _ _ _ _ _ _ _ _ _ _ _ _ _ _ _ _ _ _ _ _ _ _ _ _ _ _ _ _ _
_ _ _ _ _ _ _ _ _ _ _ _ _ _ _ _ _ _ _ _ _ _ _ _ _ _ _ _ _ _ _ _ _ _ _ _ _ _ _ _ _

Fecha, remitente y firma:
```

GUÍAS TÉCNICAS

Una información detallada de cada una de estas estructuras, viene recogida en sus Guías técnicas específicas editadas por el Ministerio de Sanidad y Consumo que están disponibles en la página web http://www.msc.es y cuya copia integra está disponible en el CD-ROM adjunto al presente libro, incluyendo con toda la normativa vigente y documentos de interés.

CAPÍTULO 5

ACTUALIZACIÓN DEL MANTENIMIENTO HIGIÉNICO-SANITARIO DE INSTALACIONES CON MENOR PROBABILIDAD DE PROLIFERACIÓN Y DISPERSIÓN DE LEGIONELLA. ESTRUCTURA, PREVENCIÓN Y CONTROL. GUÍAS TÉCNICAS.

Autores

Ana Rubio García
Joaquín Gámez de la Hoz
Ana Padilla Fortes

5.1. Humidificadores y humectadores
5.2. Equipos de enfriamiento evaporativo
5.3. Sistema de agua fría de consumo humano
5.4. Fuentes ornamentales
5.5. Respiradores, nebulizadores y otros equipos de terapia respiratoria
5.6. Sistemas de riego por aspersión
5.7. Sistemas de agua contra incendios
5.8. Sistemas de refrigeración por aerosolización al aire libre

5. Actualización del mantenimiento higiénico-sanitario de instalaciones con menor probabilidad de proliferación y dispersión de Legionella. Estructura, prevención y control. Guías técnicas.

5.1. Humidificadores y humectadores

1. Definición y tipos

Son aparatos que sirven para mantener la humedad relativa

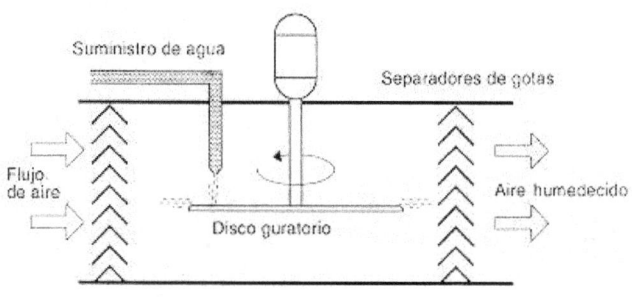

Humectador centrígufo

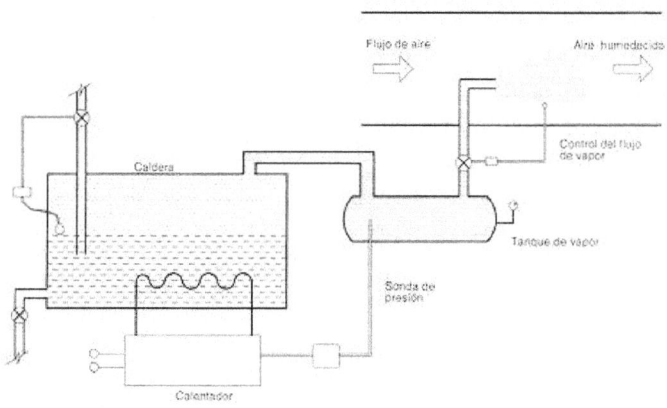

Humectador por vapor

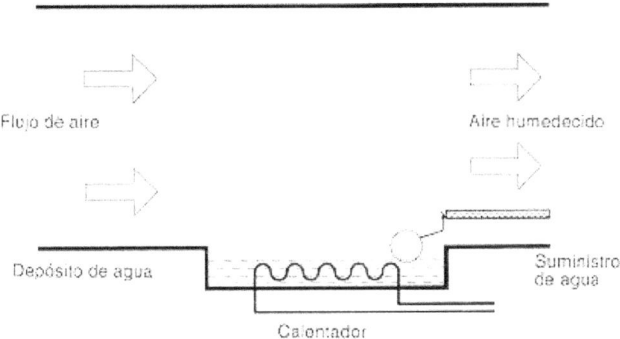

Humectador por calentamiento de agua

2. Diseño

Los equipos de humidificación usan frecuentemente agua que, procede de un depósito o una bandeja, y puede estar a una temperatura superior a 20°C.

Para los aparatos que basan su funcionamiento en la formación de aerosoles es recomendable el empleo de agua directa de la red. De no ser esto posible, se recomienda instalar un sistema para el tratamiento y control biológico del agua de recirculación. Si el agua tiene tendencia a la formación de deposiciones calcáreas, se recomienda el empleo de sistemas químicos o físicos de tratamiento.

Con el fin de reducir los riesgos de contaminación, se podrán adoptar las medidas que se indican seguidamente:

    1 Se preferirán los aparatos de humidificación de aire por vapor producido a unos 100°C a los sistemas basados en la formación de aerosoles o en el contacto mediante rellenos.

    2 Se procurará evitar la instalación de aparatos que creen un aerosol directamente en el ambiente.

    3 Se evitará el empleo de materiales a base de celulosa.

3. Programa de Mantenimiento

a) Revisión

Estos aparatos se inspeccionarán, en su totalidad; con frecuencia mensual, limpiándolos a fondo y eliminando sedimentos y productos de la corrosión.

b) Limpieza y desinfección

Se drenará el agua de la bandeja cuando el aparato no esté en uso.

La frecuencia mínima de las actuaciones de mantenimiento y desinfección es la que se indica a continuación:

	Revisión	Limpieza	Desinfección
Separador de gotas	Anual	Semestral	Semestral
Relleno	Semestral	Semestral	Semestral
Bandeja	Mensual	Mensual	Mensual

Para la desinfección de estos aparatos se seguirán las instrucciones indicadas: La **desinfección** de estos equipos se hará dos veces al año, al comienzo de primavera y otoño, y en estas circunstancias:

-antes de su puesta en funcionamiento.
-durante una parada prolongada de tiempo;
-tras una reparación;
-cuando la inspección rutinaria así lo aconseje;
-a requerimiento de la Autoridad Sanitaria.

1. La desinfección se hará utilizando desinfectantes autorizados; en caso de emplear cloro, inyectar 5 mg/L de cloro más biodispersante en la bandeja y poner en marcha las bombas durante cinco horas.
2. A continuación se vaciará todo el agua del circuito y se limpiará a fondo añadiendo agua hasta tanto el drenado aparezca limpio.
3. Finalmente, se llenará con agua limpia y se añadirán de 2 mg/L a 3 mg/L de cloro con las bombas en funcionamiento (comprobar el nivel de cloro cada hora).

c) Tratamiento de agua

En equipos conectados a la red interna de agua fría de consumo humano, el tratamiento se realiza continuo y es el mismo que recibe la mencionada red.

En equipos no conectados, se controlarán las condiciones del agua de forma continua mediante purga de agua sucia y reposición de agua limpia y adición de biocida, inhibidores de la formación de cal y de la corrosión de las partes metálicas del circuito.

4. Toma de muestras y Controles analíticos

La muestra se obtendrá del circuito de recirculación, en el grifo situado en dicho circuito si existiese, en caso contrario del agua de la bandeja.

Controles analíticos
Se revisará la **calidad físico-química y microbiológica del agua** del sistema determinando los siguientes parámetros, **mensualmente**: temperatura, pH, conductividad, turbidez, hierro total y **diariamente** nivel de cloro o biocida utilizado. Recuento total de aerobios a 37°C en el agua de la balsa con periodicidad mensual. Se determinará Legionella con una periodicidad adecuada al nivel de peligrosidad de la instalación, como mínimo trimestralmente, y siempre 15 días después de la realización del tratamiento de choque. Se incluirán, si fueran necesarios otros parámetros que se consideren útiles en la determinación de la calidad del agua o de la efectividad del programa de mantenimiento o de tratamiento del agua.

Cuando se detecten cambios en los parámetros físico-químicos que miden la calidad del agua, se revisará el programa de tratamiento del agua y se adoptarán las medidas necesarias. Cuando se detecten cambios en el recuento total de aerobios y en el nivel de desinfectante, se procederá a realizar una determinación de Legionella y se aplicarán, en su caso, las medidas correctoras necesarias para recuperar las condiciones del sistema.

5.2. Equipos de enfriamiento evaporativo

Definición y tipos
Los aparatos de enfriamiento evaporativo, son dispositivos para enfriar el aire exterior que se envía a los locales que se pretende acondicionar, existen tres tipos.

Enfriamiento evaporativo directo: En los equipos que utilizan dicho proceso el agua se evapora directamente al paso del aire de suministro, produciendo una refrigeración del mismo y aumentando su contenido de humedad. En el proceso la cantidad de calor total permanece constante y por ello se denomina adiabático. El aire suministra calor al agua evaporándola y a su vez se reduce su temperatura (la del aire). El riesgo de aerosoles es únicamente hacia el interior de los locales.

Enfriamiento evaporativo indirecto: En éstos equipos la evaporación del agua se efectúa en una corriente secundaria de aire, a través de un intercambiador con la corriente de aire primario. Se utiliza en aquellas aplicaciones donde no se permite la adición de humedad en el aire de renovación ni riesgos de contaminación, pues no hay intercambio de corrientes de aire. Riesgo de aerosoles hacia el exterior.

Enfriamiento evaporativo mixto: Es una combinación de los dos anteriores. Aplicable en climas húmedos. Riesgo de aerosoles hacia el interior y exterior.

Zonificación de riesgos: puntos críticos

Los **humectadores y aparatos de enfriamiento evaporativo** tienen un funcionamiento similar. En los equipos que funcionan por pulverización de agua en una corriente de aire, se generan aerosoles que llegan a los locales para acondicionarlos propiciando el riesgo de contaminación por Legionella. Los aerosoles pueden llegar a la red a acondicionar, bien directamente o a través de una red de conductos.

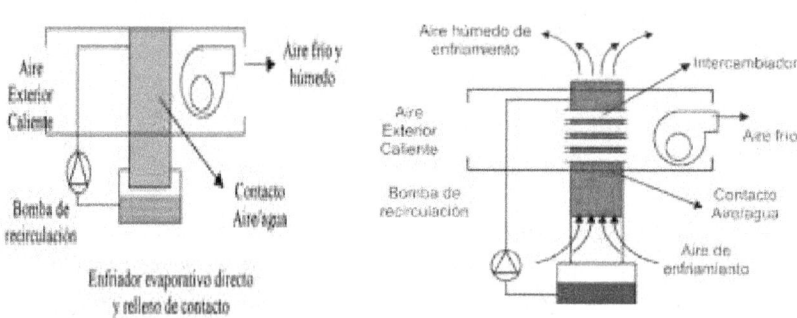

Enfriamiento evaporativo directo (por contacto)　　**Enfriamiento evaporativo indirecto**

En aparatos de enfriamiento evaporativo y humectadores los **puntos de riesgo** a tener en cuenta son:

Depósito de almacenamiento de agua.
Bandeja para recoger el agua.
Áreas con acumulación visible de biopelículas.
Agua añadida para reemplazar a la que se pierde por evaporación.
Filtros del aire.

5.3. Sistemas de agua fría de consumo humano

5.3.1 DEPÓSITOS

1. Definición y tipos

El Real Decreto 140/2003, lo define como "*todo receptáculo o aljibe cuya finalidad sea almacenar agua de consumo humano ubicado en la cabecera o en tramos intermedios de la red de distribución*". Podemos hacer una clasificación atendiendo a:

* Su función:
Depósito de cabecera
Depósito de regulación
Depósito de distribución

* Tipo de construcción:
De hormigón armado o ladrillo
Prefabricados de resina de poliéster y vibra de vidrio.
Metálicos

2. Diseño

Cuando los sistemas de suministro de agua requieran la instalación de depósitos se deberán tener en cuenta las siguientes recomendaciones:

- Los materiales utilizados para su construcción, no transmitirán al agua sustancias o propiedades que contaminen o empeoren su calidad y supongan un riesgo para la salud de la población abastecida.
- Los depósitos han de estar situados en lugares accesibles para su limpieza e intercalados en la red de distribución interna con una circulación de agua constante para evitar estancamiento.
- Han de estar tapados con una cubierta impermeable y disponer de bocas de acceso para proceder a su inspección y limpieza. Estas cubiertas o tapas han de ajustar perfectamente, han de sobresalir como mínimo 15 cm y estar protegidas para evitar cualquier contaminación, ya sea accidental o intencionada.
- Han de disponer de bocas de entrada, salida, rebosaderos y de limpieza.
- Es conveniente que el suelo del depósito tenga una inclinación hacia un punto determinado, donde estará la boca de limpieza.
- La tubería de salida ha de estar como mínimo 15 cm por encima del fondo del depósito, irá provista de un grifo para la toma de muestras.
- Se recomienda la existencia de un dispositivo de ventilación que no deje entrar el agua de fuera ni tampoco cuerpos extraños. Éste estará debidamente protegido con una red de paso inferior a 1 mm.
- Es necesario instalar un dosificador automático de desinfectante en la tubería de entrada al depósito o que vierta directamente en el depósito y que esté accionado por la entrada de agua al depósito.

3. Programa de Mantenimiento

El mantenimiento conlleva tres tipos de actuaciones, la revisión de todos los elementos, la limpieza y desinfección y el tratamiento del agua.

Todas las operaciones realizadas quedarán registradas en su Plan General de Higiene (PGH).

a) Revisión:
Periódicamente, mínimo mensualmente, se ha de revisar el estado estructural del mismo.

b) Limpieza y desinfección:

Los depósitos se han de limpiar y desinfectar periódicamente, siendo recomendable hacerlo una vez al año. Si se trata de establecimientos de temporada antes de la puesta en marcha. O cuando se detecte cualquier situación que así lo aconseje.

El procedimiento a seguir es:
- Vaciarlo, limpiarlo con un cepillo duro con agua y lejía (hipoclorito sódico en una solución de 20 mg/L), o desinfectante autorizado. Se han de limpiar a fondo las paredes y el suelo.
- Después se ha de enjuagar muy bien con agua de consumo humano a presión.
- Finalmente se llena y se controla el cloro residual libre antes de ponerlo en servicio, intervalo comprendido entre 0,8-1 mg/L. El personal encargado de hacer estas operaciones de limpieza y desinfección deberá llevar protección respiratoria, gafas protectoras y ropa adecuada.
- Si se opta por pintar el depósito, se utilizará pintura apta para uso alimentario que no transmita al agua color, sabor ni olor. Se seguirá en todo momento las indicaciones proporcionadas por el fabricante respecto a plazos de seguridad de secado antes de llenar el depósito.

c) Tratamiento del agua

c.1) Tratamiento continuo:

Se mantendrá desinfectada mediante la adición de desinfectante autorizado, para ello se utilizará una bomba dosificadora automática.

En caso de utilizar hipoclorito sódico, existirá una concentración comprendida entre 0,2-1 mg/L de cloro residual libre, de forma que a los puntos finales de la red llegue una concentración máxima de 1 mg/L.

4. Toma de muestras y controles analíticos

La toma de muestras se realizará en el grifo situado a la salida del depósito. Es de aplicación el Real Decreto 140/2003, de 7 de febrero, por el que se establecen los criterios sanitarios de la calidad del agua de consumo humano, en su artículo 18 establece los puntos de muestreo, así mismo en su artículo 19, establece la frecuencia de muestreo, en el Anexo V, se muestra la frecuencia de muestreo y tipo de análisis, en función de la capacidad del depósito.

Controles analíticos:
• Diariamente se recomienda la medida de desinfectante residual.
• Dos veces en semana se realizará un análisis organoléptico.
• Mensualmente, se medirá la temperatura y pH.
• Análisis de Control en Depósitos, según Real Decreto 140/2003, con la frecuencia indicada en el mismo.
• Análisis Completo, según Real Decreto 140/2003 con la frecuencia indicada en el mismo.

5.3.2. RED DE DISTRIBUCIÓN AGUA FRÍA

1. Definición y tipos

Definimos **Red de distribución en alta**, a la conducción que va desde el lugar donde se realiza la captación del agua hasta el depósito. Se denomina **Red de distribución (Red en baja)** al conjunto de elementos encargados del transporte del agua desde los puntos de producción (en algunos casos) y/o almacenamiento hasta los puntos de consumo: vivienda, industria, hidrantes de riego e incendio, etc.

Una red de distribución está constituida básicamente por tuberías y elementos especiales: válvulas, accesorios, hidrantes, elementos de unión, elementos de medición, etc.

Definimos **red interna**, al conjunto de tuberías, depósitos, conexiones y aparatos instalados tras la acometida y la llave de paso correspondiente que enlaza con la red de distribución.

Las redes se clasifican según distintos criterios:

* Según el uso del agua:
- Redes generales de suministro de agua en zonas urbanas. En este caso, la red es la encargada de todos los tipos de suministros.
- Redes de abastecimiento para zonas residenciales: agua de consumo humano y resto de usos.
- Redes de servicios en polígonos industriales. Redes exclusivas de riego; cultivos y/o jardines.
- Redes para uso exclusivo de extinción de incendios.

*Según la topología del sistema:
- *Redes ramificadas*
   Ventajas:
   • Simplicidad de diseño y regulación posterior.
   • Costo de implantación bajo.
   Inconvenientes:
   • Los consumos situados aguas debajo de un punto de rotura no pueden ser satisfechos.
   • Las posibles ampliaciones de red o incrementos de consumo pueden dar lugar a presiones insuficientes.
   • En los extremos de las ramificaciones el agua queda estancada con lo que se pueden originar problemas sanitarios.

- *Redes malladas*
   Ventajas:
   • Seguridad en el suministro en caso de roturas o cortes de servicio.
   • Se reducen los problemas sanitarios pues no se producen estancamientos de larga duración.
   • Menores perdidas de carga en el sistema y por tanto presiones más equilibradas.
   Inconvenientes:
   • Mayor costo de implantación.
   • El dimensionamiento de este tipo de redes, resulta más complejo, por la dificultad de establecer los caudales circulantes.
   • La regulación resulta más complicada, siendo necesario disponer de un complejo sistema de valvulería.

- *Redes mixtas, de las anteriores.*

2. Diseño

Nos vamos a centrar exclusivamente en la red interna:
• La red interna deberá de adecuarse a la reglamentación vigente sobre normas básicas para las instalaciones interiores de suministro de agua.
• La red interna de agua potable tendrá que tener garantías de una total estanqueidad, aislamiento y correcta circulación del agua. Por esto, se procurará que esta red sea lo más mallada posible (con

tuberías intercomunicadas), suprimiéndose los ramales o instalaciones fuera de uso para disminuir el riesgo de proliferación de microorganismos.

• Se dispondrá de un sistema de válvulas de retención que eviten en cualquier lugar retornos por pérdida de presión o disminución del caudal suministrado. No deberán de existir fugas que, aunque pequeñas, puedan permitir la entrada de elementos externos si hay depresiones.

• Las redes de tuberías estarán dotadas de válvulas de drenaje en los puntos más bajos.

• No son aconsejables los filtros y, en el caso de que sean imprescindibles, deberán instalarse antes del tratamiento de desinfección y se cambiarán y/o limpiarán con frecuencia. Cuando la calidad del agua captada tenga una turbidez mayor de 1 Unidad Nefelométrica de Formacina (UNF) como media anual, si deberá someterse a una filtración por arena, u otro medio apropiado.

• Se recomienda que la temperatura del agua sea inferior a 20°C. Para mantener el agua fría en estas condiciones, es necesario que las tuberías de esta red estén alejadas de las de agua caliente y si es necesario deberán aislarse térmicamente.

• La desinfección del agua es necesaria, tanto para aquellos establecimientos donde el suministro proceda de captación propia, como para aquellos en que el agua proceda de la red general, ya que aunque el agua procedente de la red general tenga una concentración de cloro adecuada, durante el almacenamiento en el depósito el cloro libre residual se volatiliza y es necesaria una recloración que garantice agentes desinfectantes en cantidad suficiente que evite la viabilidad y crecimiento de cualquier microorganismo.

3. Programa de mantenimiento

Un mantenimiento adecuado de los elementos de la red interna, es esencial para evitar el crecimiento de Legionella. El mantenimiento conlleva tres tipos de actuaciones, la revisión de todos los elementos de la red, la limpieza y desinfección y el tratamiento del agua.

a) Revisión
La revisión, mínimo mensual, de toda la red incluye:

- Revisar todos los elementos de la misma (válvulas, bocas, tuberías, grifos, duchas, etc)
- Sustituir los defectuosos, sobre todo aquellos elementos susceptibles de haber sufrido corrosiones y/o incrustaciones importantes.
- El cambio de estos elementos ha de suponer también la restitución de nuevas juntas y de otros accesorios que deberán ser de materiales que no favorezcan el crecimiento de microorganismos.
- Siempre es necesaria la limpieza y desinfección previa de los nuevos elementos a instalar en la red interna.

b) *Limpieza y desinfección*

Se realizará al menos una vez al año en la instalación completa y además cuando se lleven a cabo nuevas instalaciones o ampliaciones, después de cualquier reforma o reparación de la red de agua, o cuando las instalaciones hayan permanecido fuera de uso. Se realizará la desinfección con cloro, dependiendo del lugar donde se inicie:

- A partir del depósito de almacenamiento o distribución:
- Desinfectamos el agua del depósito con 20-30 mg/L de cloro residual libre, a una temperatura no superior a 30°C y un pH de 7-8, haciendo llegar a los puntos terminales de la red 1-2 mg/L, y mantener durante 3 ó 2 horas respectivamente. Como alternativa, se puede utilizar 4-5 mg/L en el depósito durante 12 horas.
- Neutralizar la cantidad de cloro residual libre y vaciar.
- Limpiar a fondo las paredes del depósito con un cepillo duro, eliminando incrustaciones y realizar las reparaciones necesarias. Aclarar con agua limpia.
- Volver a llenar con agua y añadir la cantidad de cloro necesaria para su funcionamiento habitual (0,8 - 1 mg/L de cloro residual libre).

- En la red interna:
- Adición en el tramo de red a desinfectar de una dosis de cloro, a una temperatura no superior a 30°C y un pH de 7-8, haciendo llegar a los puntos terminales de la red 1-2 mg/L, y mantener durante dos horas.
- Finalizado este período, se procederá a su vaciado, enjuagado con agua de la red de agua fría y puesta en servicio.

c) Tratamiento del agua

Si el agua procede de un depósito propio, se mantendrá desinfectada mediante la adición de desinfectante autorizado, para ello se utilizará una bomba dosificadora automática.

En caso de utilizar hipoclorito sódico, existirá una concentración no superior a 1mg/L de cloro residual libre.

Cuando el agua proceda de un abastecimiento municipal, la empresa gestora es la encargada de mantener la concentración de cloro residual libre autorizada por la autoridad sanitaria.

4. Toma de muestras y controles analíticos

La toma de muestras se realizará en la red de distribución, preferiblemente en los puntos finales de red y/o representativos.

5.4. Fuentes ornamentales

Dispondrán de sistema de cloración automática.

Se realizará una limpieza y desinfección exhaustiva de todo el sistema involucrado en la fuente (depósitos, filtros, difusores y cualquier otro accesorio utilizado) al menos **anualmente**.

Se incrementarán, de acuerdo con la Guía Técnica del Ministerio de Sanidad, las operaciones de mantenimiento hasta alcanzar un IM (Índice de Mantenimiento) con un valor entre 50 y 100.

5.5. Respiradores, nebulizadores y otros equipos de terapia respiratoria

Un nebulizador es un dispositivo que permite administrar medicamentos en solución, en forma de partículas muy pequeñas en aerosol al árbol traqueobronquial.

No deberá compartirse entre diferentes pacientes enfermos. Si varios pacientes requieren el uso de un mismo equipo, deberán tener cada uno, su propio nebulizador con mascarilla.

La limpieza del nebulizador, es muy importante, ya que un equipo sucio o contaminado, puede causar infección.

a) Esterilización o desinfección de todos los equipos reutilizables antes de cada uso. Dependiendo del tipo de equipo la esterilización puede realizarse con autoclave de vapor, óxido de etileno, ácido peracético o desinfección de alto nivel.

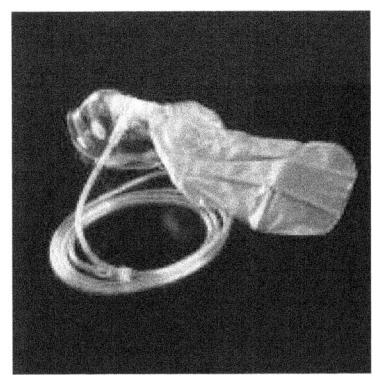

b) Utilizar solamente agua estéril (no usar agua destilada no estéril) para enjuagar estos equipos después de limpiarlos y/o desinfectarlos.

c) No se recomienda la utilización del agua del grifo como alternativa al agua estéril para enjuagar los equipos reutilizables semicríticos que vayan a utilizarse en el tracto respiratorio después de desinfección de alto nivel, independientemente de que el enjuagado vaya seguido de secado con o sin alcohol.

d) Utilizar solo agua estéril (no usar agua destilada no estéril) para llenar los reservorios de los aparatos de nebulización.

e) No utilizar humidificadores para la habitación que crean aerosoles (tipo Venturi, ultrasonidos, etc.) a menos que puedan ser esterilizados o sometidos a desinfección de alto nivel diariamente y rellenados solo con agua estéril.

5.6. Sistemas de riego por aspersión

1. Definición y diseño

El riego por aspersión consiste en rociar, esparcir en menudas gotas el agua sobre una zona. Los equipos implicados son un grupo de presión y aspersores. Según la procedencia del agua, hay que seguir un procedimiento u otro:

a) Si el agua procede de un sistema de agua de consumo público, comparten el mismo depósito por lo que el agua debe de estar desinfectada.

b) Si procede de un pozo, sondeo o manantial, se vigilará la contaminación microbiológica, en caso de que supere niveles no permitidos para la salud, se procederá a la inyección de desinfectante en la red o depósito.
c) Si el agua es agua residual. A nivel estatal no hay normativa que regule las condiciones básicas de la reutilización, ni las características físico-químicas y microbiológicas exigibles al agua residual depurada para su aprovechamiento en los diversos usos posibles. Tanto en cuanto no se establezcan estas condiciones básicas, en el caso de Andalucía, la Consejería de Salud establece unos criterios sanitarios mínimos que permitan evitar los riesgos potenciales que pudieran derivarse de la reutilización de aguas residuales urbanas depuradas en el **riego agrícola y de zonas verdes**. Estos criterios se fundamentan principalmente en las Directrices dadas por la Organización Mundial de la Salud para el uso sin riesgos de aguas residuales depuradas en la agricultura.

En el caso de aguas residuales y a fin de minimizar el grado de exposición humana, hay que tener en cuenta las siguientes consideraciones:

• Los aerosoles no podrán alcanzar de forma permanente a los trabajadores, ni a vías públicas de comunicación y áreas habitadas.
• Se guardará una distancia de seguridad mínima de 150 m a las áreas habitadas.
• Deben interponerse obstáculos o pantallas que limiten la propagación de los aerosoles a la vía pública.
• En el riego de campos deportivos y zonas verdes urbanas, deben instalarse aspersores de corto alcance o baja presión.
• Este método de riego no se utilizará en cultivos bajo cubierta.

A fin de evitar situaciones de riesgo o accidentes, por norma general, en todas las zonas donde se utilicen para el riego aguas residuales urbanas depuradas, deben instalarse carteles o indicaciones que lo señalice con claridad.

2. Programa de mantenimiento

Se limpiarán y desinfectarán los aspersores con una frecuencia mínima anual.
- Desmontar los elementos.
- Limpiarlos con cepillo duro y enjuagarlos.
- Sumergirlos en una solución que contenga **20 mg/L** de cloro durante **30 minutos**, aclarando posteriormente con abundante agua fría. Los elementos difíciles de desmontar o sumergir se cubrirán con un paño limpio impregnado en la misma solución durante el mismo tiempo.

3. Toma de muestras y controles analíticos:

Las aguas residuales urbanas depuradas destinadas al riego agrícola y de zonas verdes, deben cumplir unos requisitos de calidad microbiológica y físico-química.

Los métodos de análisis y las frecuencias mínimas de muestreo y medición serán los siguientes:

	MÉTODO DE ANÁLISIS	FRECUENCIA
Nematodos intestinales	Método de Teichman (sedimentación, centrifugación y conteo al microscopio).	Semanal
Coliformes fecales	Recuento del NMP o filtración y cultivo con identificación de colonias.	Semanal

Requisitos que deben cumplir las aguas residuales urbanas depuradas para el riego agrícola y de zonas verdes.

Calidad del agua (1)	Tipo de cultivo o zona a regar	Método de riego	Otras condiciones
N° Nematodos intestinales (*): <1/1 N° Coliformes fecales: <200/100 ml	Riego de campos deportivos y zonas verdes de acceso público	Cualquiera	El riego no debe realizarse en horas de afluencia del público
N° Nematodos intestinales (*): <1/1 N° Coliformes fecales: < 1000/100 ml	Riego de cultivos de consumo en crudo	Cualquiera	El riego de árboles frutales con este tipo de agua debe suprimirse al menos dos semanas antes de la recolección y la fruta no debe ser recogida del suelo. El riego de pastos para consumo en verde debe cesar al menos dos semanas antes de que se permita apacentar al ganado
N° Nematodos intestinales (*): <1/1	Riego de cultivos industriales, madereros, forrajeros, cereales y semillas oleaginosas, viveros, cultivos destinados a industrias conserveras, productos vegetales que se consuman cocinados y árboles frutales	Cualquiera excepto: Aspersión e inundación para el riego hortalizas Aspersión para el riego de árboles frutales.	
No se establecen límites pero se exige un tratamiento de, al menos, sedimentación primaria	Riego de cultivos industriales, madereros, forrajeros, cereales, semillas oleaginosas y zonas verdes no accesibles al público	Localizado	

(*) Ascaris, Trichuris y Ancylostoma
(1) Se considerará que la calidad del agua es conforme con las condiciones requeridas si las muestras recogidas en un mismo punto, durante un año, cumplen que:
- El 95% de las muestras no exceden del valor límite establecido para nematodos intestinales.
- El 90% de las muestras no exceden del valor límite establecido para coliformes fecales.

5.7. Sistemas de agua contra incendios

En lugares donde el almacenamiento del agua contra incendios se encuentre independiente de los aljibes o depósitos para el abastecimiento de agua de consumo público así como los que no se encuentren conectados al sistema de abastecimiento de agua de consumo público, corren el riesgo de poder ser focos de contaminación de Legionella, por lo que es necesario un programa de mantenimiento de dicho sistema.

Limpieza y desinfección con frecuencia anual de aljibe y conducciones (Se realizará al mismo tiempo que la prueba hidráulica).

Es recomendable la dosificación de desinfectante para mantener la calidad microbiológica del agua del sistema.

5.8. Sistemas de refrigeración por aerosolización al aire libre

Consiste en refrigerar el ambiente mediante la aerosolización de agua en la zona a refrescar, es muy utilizado en jardines, terrazas de verano, zonas de sombra para transito de peatones, etc.

Generalmente las conducciones se encuentran al aire libre, por lo que se alcanzan temperaturas muy altas en las mismas pudiendo ser un foco de contaminación. Para que esto no suceda se recomienda la conexión de dichos sistemas al sistema de abastecimiento de agua de consumo público de forma que se mantenga permanentemente una concentración de desinfectante residual para evitar la proliferación de microorganismos.

En caso de que dicho sistema sea independiente y disponga de un depósito o bien se abastezca directamente de un pozo, se recomienda la dosificación de desinfectante en el sistema, bien en el depósito o inyectado directamente en la red.

Tipos según el sistema:
- **Tipo 1**: Sólo constan de una toma de agua de la red de abastecimiento, un circuito de tubos de muy pequeño diámetro y unas boquillas pulverizadoras, sin usar una bomba de alta presión, únicamente la presión del la red.

• **Tipo 2**: Sistema con bombas de alta presión y un sistema de tubos con boquillas. Pueden existir con depósito intermedio o sin depósito. En caso de tener depósito pueden ser con circuito de recirculación de agua.
• **Tipo 3**: Usa ventiladores para distribuir el agua pulverizada, estos puede ser estáticos o con movimiento.
• **Tipo 4**: Son aquellos con un sistema que en continua genera agua pulverizada, creando una niebla muy fina en el ambiente.

Estos sistemas son utilizados sobre todo en verano por lo que será necesario la limpieza y desinfección de todos los elementos y equipos implicados, al comienzo de cada temporada. Si trabaja en continuo, la limpieza se realizará al menos una vez al año.

Si existe un depósito de acumulación:
• En primer lugar vaciarlo.
• Limpiarlo con un cepillo duro con agua y lejía (hipoclorito sódico en una solución de 20 mg/L), o desinfectante autorizado. Se han de limpiar a fondo las paredes y el suelo.
• Después se ha de enjuagar muy bien con agua de consumo humano a presión.
• Finalmente se llena y se controla el cloro residual libre antes de ponerlo en servicio, intervalo comprendido entre 0,8-1 mg/L. El personal encargado de hacer estas operaciones de limpieza y desinfección deberá llevar protección respiratoria, gafas protectoras y ropa adecuada.

Las conducciones:
➤ A partir del depósito de almacenamiento o distribución:
• Desinfectamos el agua del depósito con 20-30 mg/L de cloro residual libre, a una temperatura no superior a 30°C y un pH de 7-8, haciendo llegar a los puntos terminales de la red 1-2 mg/L, y mantener durante dos horas.
• Neutralizar la cantidad de cloro residual libre y vaciar.

➤ En la red:
• Adición en el tramo de red a desinfectar de una dosis de cloro, a una temperatura no superior a 30°C y un pH de 7-8, haciendo llegar a los puntos terminales de la red 1-2 mg/L, y mantener durante dos horas.

Los elementos difusores del agua serán limpiados y desinfectados:
- Desmontar los elementos.
- Limpiarlos con cepillo duro y enjuagarlos.
- Sumergirlos en una solución que contenga **20 mg/L** de cloro durante **30 minutos**, aclarando posteriormente con abundante agua fría. Los elementos difíciles de desmontar o sumergir se cubrirán con un paño limpio impregnado en la misma solución durante el mismo tiempo.

Es de aplicación el Real Decreto 140/2003, de 7 de febrero, por el que se establecen los criterios sanitarios de la calidad del agua de consumo humano, en su artículo 18 establece los puntos de muestreo. El citado Real Decreto, en su artículo 19, establece la frecuencia de muestreo. Asimismo en el Anexo V, se muestra la frecuencia de muestreo, en función del volumen de agua distribuido.

Controles analíticos:
- Diariamente se recomienda la medida de desinfectante residual, al menos en un punto de la red interna (final de red).
- Dos veces en semana se realizará un análisis organoléptico.
- Mensualmente, se medirá la temperatura y pH en una muestra representativa del sistema, muestra que será rotatoria.
- Como mínimo una vez al año se medirá la temperatura y pH en todos los grifos y duchas.
- Análisis de control en grifo del consumidor, según Real Decreto 140/2003, con la frecuencia indicada en el mismo.

Al ser estas instalaciones las causantes de brotes en los últimos tiempos, aunque se trate de una instalación de menor probabilidad de proliferación y dispersión de Legionella, los titulares de las mismas deberán de contar con un programa de mantenimiento higiénico-sanitario de la instalación que refleje:

- Esquema hidráulico de la instalación.
- Descripción de los materiales usados y sus posibles riesgos.
- Programas de revisión, toma de muestras, limpieza y desinfección de la instalación. (al menos una vez al año)
- Control de los niveles de desinfectante en función del riesgo de proliferación de Legionella, incluyendo medidas de control del tiempo de residencia del agua en el circuito.
- Registro de operaciones de mantenimiento.

GUÍAS TÉCNICAS

Una información detallada de cada una de estas estructuras, viene recogida en sus Guías técnicas específicas editadas por el Ministerio de Sanidad y Consumo que están disponibles en la página web http://www.msc.es y cuya copia integra está disponible en el CD-ROM adjunto al presente libro, incluyendo con toda la normativa vigente y documentos de interés.

CAPÍTULO 6

MEDIDAS DE PROTECCIÓN INDIVIDUAL Y COLECTIVAS EN PREVENCIÓN DE RIESGOS LABORALES FRENTE A LA LEGIONELOSIS

Autores

Ana Rubio García
Joaquín Gámez de la Hoz
Ana Padilla Fortes

6.1. Equipamientos Utilización de escaleras y trabajos en altura: Caídas de personas a distinto nivel. Contactos eléctricos
6.2. Caídas de personas al mismo nivel/pisadas sobre objetos/atropellos o golpes con vehículos
6.3. Carga osteomuscular: Sobreesfuerzo físico
6.4. Colocación de equipos que contengan biocidas: exposición a contactos eléctricos / Atrapamientos máquinas
6.5. Trabajo en espacios confinados: Riesgo de asfixia. Riesgo de incendio o explosión. Riesgo por intoxicación
6.6. Contacto/inhalación sustancias tóxicas o peligrosas
6.7. Primeros auxilios en casos de emergencias
6.8. Transporte de sustancias químicas

6. Medidas de protección individual y colectivas en prevención de riesgos laborales frente a la legionelosis

Para el desarrollo de actividades de aplicación de biocidas es necesario que el trabajador reciba una formación específica y suficiente en las tareas propias del puesto de trabajo.

Todos los trabajadores deben respetar y cumplir las normas de seguridad contenidas en esta ficha informativa.

Es obligación de todos comunicar a la empresa aquellas situaciones que puedan conllevar un riesgo para la salud de los trabajadores.

El trabajador debe someterse con la periodicidad que corresponda a un reconocimiento médico de su salud

TAREA	RIESGO	EPI	
		Protección respiratoria	Ropa de protección
Revisión	Aerosol	Mascarilla autofiltrante contra partículas	No es necesaria
Limpieza y tratamiento químico en espacio bien ventilado	Aerosol y concentración baja de cloro u otros agentes químicos	Mascarilla con filtro contra partículas, gases y vapores	Traje completo resistente a agentes químicos, con protección de la cabeza, guantes, botas y gafas
Limpieza y tratamiento Químico en espacio ventilado, sin movimiento de aire	Aerosol y concentración no muy alta de cloro u otros agentes químicos	Mascarilla completa con filtro contra partículas, gases y vapores	Traje completo resistente a agentes químicos, con protección de la cabeza, guantes, botas y gafas
Limpieza y tratamiento químico en espacio confinado	Aerosol y concentración alta de doro u otros agentes químicos; posible falta de oxígeno	Equipo de protección respiratoria aislante autónomo, con adaptador facial tipo máscara completa	Traje completo resistente a agentes químicos, con protección de la cabeza, guantes, botas y gafas

Equipos de Protección Individual (EPI) recomendados para diferentes tareas

6.1. Equipamientos Utilización de escaleras y trabajos en altura: Caídas de personas a distinto nivel. Contactos eléctricos

Durante el uso de escaleras manuales se seguirán las siguientes pautas:
- Las escaleras de madera nunca deben pintarse, para poder observar sus defectos.
- Utilizar siempre zapatos adecuados y nunca zapatos de tacón.
- Nunca subir al último peldaño. Si la escalera queda corta, pedir una mayor.
- Apoyarlas en el suelo o en plataformas adecuadas para ello. Vigilar que el suelo es estable. No utilizar en suelos con elevado desnivel, zonas ajardinadas.
- La escalera no debe apoyarse en zonas irregulares o poco estables como, por ejemplo, un se utilizarán escaleras de tijera.
- Nunca colocarlas en puertas ni en zonas de paso sin señalizar

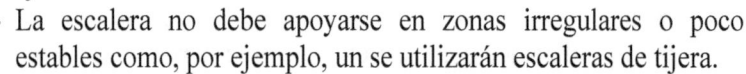

- Las escaleras simples estarán provistas de zapatas, puntas de hierro, grapas u otro mecanismo antideslizante en su pie o de ganchos de sujeción en la parte superior o sistema de apertura controlado
- Las escaleras dobles deberán tener una cadena o elemento que impida su total apertura.
- Para el acceso a lugares elevados, sobrepasarán en **un metro** los puntos superiores de apoyo.
- La separación del apoyo inferior será igual a 1/4 de la longitud de la escalera.
- El ascenso, descenso y trabajo, se hará siempre de frente a las mismas.
- Se prohíbe sobre las mismas el transporte a brazo de pesos superiores a 25 Kg.
- **Es obligatorio el uso del cinturón de seguridad o medida alternativa, al realizar trabajos desde escaleras manuales a una altura superior a 3,5 metros desde el suelo hasta el punto de operación.**
- **Está prohibido** realizar desplazamientos laterales cuando estemos en la escalera.
- Los tramos no superarán nunca los cinco metros de longitud.

- Se deben mantener las distancias de seguridad ante contactos eléctricos, es decir, 5 m. en caso de Alta Tensión y 3 m. en caso de Baja Tensión.

Está prohibido el uso de *escaleras de mano de construcción improvisada. Nunca subirse a pilas de cajones, mesas, sillas, radiadores, etc. No colocarse "a caballo" sobre una escalera*

Otros trabajos en altura:
- Los huecos o aberturas de más de 60 cm. de profundidad deberán estar protegidos con barandillas o elementos similares que impidan la caída de personas.
- Las terrazas y cualquier otra superficie a la que acceda el trabajador cuya altura sea superior a 2 metros, deberán estar adecuadamente protegidas contra el riesgo de caídas, con barandillas o quitamiedos. En el caso de no existir este tipo de protección deberá habilitarse la zona para el acceso con arnés de seguridad. En este sentido el trabajador deberá acceder a la zona con el equipo de trabajo en alturas que deberá anclar a los elementos de sujeción que se hayan instalado. En el caso de que la zona no incluya esta medida de seguridad el trabajador tendrá prohibido el acceso.

6.2. Caídas de personas al mismo nivel/pisadas sobre objetos/atropellos o golpes con vehículos

- Las tres causas más comunes de los resbalones son las superficies mojadas, las condiciones climatológicas y las zonas ajardinadas con superficies irregulares. Los consejos para reducir el riesgo de resbalarse son:
  - Se utilizará en todo momento calzado de bota antideslizante con puntera de seguridad.
  - Dé pasos cortos para mantener el centro de gravedad debajo de usted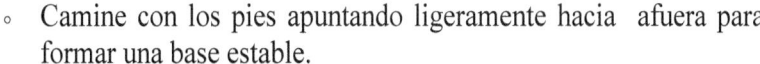
  - Camine con los pies apuntando ligeramente hacia afuera para formar una base estable.
  - No gire bruscamente al doblar las esquinas
  - Cuando camine por exteriores camine despacio para evitar resbalarse ante un cambio de suelo húmedo a seco o viceversa.

- Tenga cuidado con las alfombras arrugadas o levantadas
- Tenga precaución al moverse de un tipo de superficie a otro.
- En las zonas ajardinadas preste atención a las superficies irregulares, con barro, piedras, etc. Evite pasar por zonas con hendiduras o huecos importantes. Es mejor dar la vuelta que atajar por una zona no transitable.

- Normalmente los tropiezos ocurren cuando el pie golpea contra un objeto y el impulso hace que se pierda el equilibrio. Esto se produce cuando existen obstáculos que impiden ver alrededor o porque existe desorden. Consejos para reducir los tropiezos:
  - Utilice siempre la iluminación adecuada para la actividad que desarrolla.
  - Los pasillos, salidas y vías de circulación deben mantenerse libres de obstáculos
  - Los cables que están por el suelo deben estar cubiertos
  - Tenga especial precaución al salir de los ascensores y montacargas, ya que el suelo no está siempre al mismo nivel
- Las dos causas más comunes de las caídas son el uso incorrecto de las escaleras y el uso incorrecto de los objetos. Consejos a seguir en las escaleras fijas:
  - De un paso cada vez
  - Asegúrese de que el pie delantero está plantado firmemente antes de apoyar el peso sobre el mismo
  - Apóyese siempre en la barandilla
  - Nunca suba o baje los peldaños de dos en dos y hágalo siempre de frente

Seguir los siguientes consejos para disminuir el riesgo de accidente en vías y áreas públicas:

- *Recomendaciones de seguridad para el peatón*
  - La comprobación de embornales se hará desde la acera, sin pisar la calzada, comprobando ambos extremos, pero pasando de un lado a otro de la calzada por el paso de peatones. Para estas operaciones se utilizará siempre chaleco reflectante.
  - Camine siempre por la aceras y no por el borde de la calzada y mire bien donde pisa.
  - Evite pasar por debajo de lugares que ofrezcan peligro de caída de objetos.

- No cruce distraídamente una calle y mire a ambos lados antes de cruzar; hágalo solo por los pasos señalizados. Si los pasos no están señalizados, cruce por las esquinas. Cruce siempre en línea recta para estar el menor tiempo posible en la calzada. No cruce nunca con la luz amarilla.
- Siga las indicaciones de los agentes de tráfico.
- Si utiliza un servicio público no suba a un vehículo en marcha ni intente subir a un vehículo de transporte público excesivamente lleno.
- Si camina por carretera, vaya por su izquierda, caminando por el arcén para ver los vehículos de frente.

- *Recomendaciones de seguridad para los automóviles*
    - Sea prudente conduciendo y procure tener en cuenta las posibles imprudencias de los demás. Es obligatorio el uso del cinturón de seguridad. Respete el código de circulación en todo momento y, sobre todo, respete siempre los límites de velocidad. Circule adaptándose a las condiciones meteorológicas, ambientales y de circulación. Mantenga la distancia de seguridad con el resto de vehículos. No tome alcohol si tiene que conducir: el alcohol reduce la capacidad de reacción y de apreciación de las distancias y las velocidades, así como la amplitud del campo visual. Está prohibido el uso del teléfono móvil en el vehículo, salvo que se disponga de un dispositivo manos libres autorizado.

6.3. Carga osteo-muscular: sobreesfuerzo físico

La manipulación manual de cargas, la realización de movimientos repetitivos y las malas posturas pueden ser la causa de lesiones de espalda, lumbares, etc. Esto suele ocurrir en las siguientes actividades:
- Agacharse continuamente para la colocación y/o comprobación de los equipos de que contengan biocidas. Hemos de intentar agacharnos doblando las rodillas, aunque no sea en todas las ocasiones y sobre todo mantener la espalda recta. Apoyarse con la mano en la pared o en otra superficie facilita esta operación. Es bueno tener la costumbre de comprobar a menudo si estamos caminando con la espalda recta.

- Levantamiento frecuente de pesos de 5 kg. o más, como por ejemplo garrafas de productos o cajas. Procurar llevar la carga lo más cerca posible del cuerpo. Intentar levantarse doblando las rodillas y mantener la espalda recta.
- Caminar es muy bueno para la salud, pero hay que tener una serie de precauciones:
    o Beba agua antes de iniciar su jornada de trabajo. Lleve consigo una botella de agua para evitar la deshidratación. Recuerde que el agua no debe estar cerca de productos tóxicos, por ello, si la transporta en la bolsa debe estar convenientemente aislada en un departamento aparte que evite su contaminación.
    o Cuando camine mantenga un ritmo constante. Camine con la cabeza erguida, la espada recta, el vientre plano. Mantenga las piernas hacia adelante y las rodillas ligeramente dobladas. Y sobre todo, no corra.
- Para sostener y transportar cargas:
    o Evite torcer el cuerpo con la carga suspendida; para girarse, mueva los pies hasta que el cuerpo quede de frente hacia donde quiere ir.
- Hacer rodar o deslizar la carga, siempre que sea posible
- Los valores de peso máximo, en condiciones ideales son de 25 kg. en general y 15 kilos para mujeres, jóvenes y gente mayor.
- Planificación del trabajo:
    Antes de iniciar nuestro trabajo debemos planificar lo que vamos a hacer con el objetivo de minimizar los desplazamientos.

6.4. Colocación de equipos que contengan biocidas: Exposición a contactos eléctricos / Atrapamientos máquinas

- Antes de la colocación de los equipos en el interior de máquinas haremos las siguientes comprobaciones:

    ✓ Es preferible colocar el equipo bajo la máquina que en su interior.
    ✓ Utilizar guantes adecuados que protejan de contactos eléctricos

- ✓ Visualizar la zona donde colocaremos el equipo. Nunca introduciremos la mano en zonas con cables, motores, partes móviles de máquinas o lugares sin visibilidad.

- No desenchufar ni levantar nunca un aparato tirando del cable
- Si se usan alargadores, compruebe si es necesario desenrollarlos del todo para usarlos. Se han de deshacer los nudos que pudieran haber antes de conectarlos.
- Comprobar siempre el estado del cable, especialmente si el suelo está húmedo
- No usar nunca un aparato eléctrico con las manos mojadas o húmedas
- Nunca mojar un motor eléctrico.
- No manipular nunca los aparatos eléctricos; en caso de avería, avise a su superior

6.5. Trabajo en espacios confinados: Riesgo de asfixia. Riesgo de incendio o explosión. Riesgo por intoxicación

Un recinto confinado es cualquier espacio con aberturas limitadas de entrada y salida y ventilación natural desfavorable, en el que pueden acumularse contaminantes tóxicos o inflamables o tener una atmósfera deficiente en oxígeno y que no está concebido para una ocupación continuada por parte del trabajador.

Los accidentes en estos espacios, en su mayoría mortales por falta de oxígeno, tienen lugar por no reconocer los riesgos presentes, ocurriendo un 60% de las muertes por este motivo durante el auxilio inmediato a las primeras víctimas.

Lugares que pueden constituir situación de espacio confinado:

- CISTERNAS y POZOS, ALCANTARILLAS, SÓTANOS y DESVANES, CUBAS y DEPÓSITOS, REACTORES QUÍMICOS, BODEGAS DE BARCO, FURGONES, SILOS, ARQUETAS SUBTERRÁNEAS, TÚNELES, DESGUACE BARCOS y FUSELAJES, CONDUCTOS AIRE ACONDICIONADO, GALERÍAS DE SERVICIOS, FOSOS

Procedimiento general de trabajo en lugares confinados (INSHT)

- Concienciar al trabajador de la peligrosidad del espacio confinado. Prohibir su entrada hasta que no se haya elaborado un procedimiento de trabajo.

- Limpieza, medición y evaluación del ambiente interior por personal cualificado, para determinar su peligrosidad

- Cumplimentación de la autorización de entrada y adopción de las medidas preventivas. Formación e información al trabajador

- Entrada en las condiciones establecidas y con medios y equipos adecuados (ventilación suficiente, protecciones personales, escalera, cuerda de salvamento sujeta desde el exterior, etc.)

- Control desde el exterior de la situación durante todo el tiempo de trabajo, con medición continuada de la atmósfera interior

- Adiestramiento y planificación frente a un eventual rescate o emergencia

Riesgo de Asfixia

El aire contiene sobre un 20% de oxígeno. Si éste se reduce al 18% pueden producirse ya síntomas de asfixia. A niveles del 10-14% y en pocos segundos los efectos pueden ser graves, llegando incluso a la muerte.

Las causas más frecuentes de esta disminución de oxígeno son por: consumo del mismo debido a fermentaciones, oxidaciones, combustión, respiración, etc., o desplazamiento del aire por otros gases tales como argón o anhídrido carbónico.

Riesgo de Incendio o Explosión

Si se aporta un foco de ignición, los vapores inflamables o polvos combustibles a concentraciones superiores al 20% del límite inferior de inflamabilidad, así como el aumento de oxígeno en el aire, pueden originar un incendio o explosión.

Las causas de ello pueden ser: evaporación de disolventes, carga y descarga de cereales, focos caloríficos, enriquecimiento de la atmósfera en oxígeno, etc.

Riesgo de Intoxicación

La concentración de productos tóxicos por encima de los límites de exposición permisibles puede producir intoxicaciones o enfermedades.

Las causas pueden ser: Inhalación de productos tóxicos utilizados en la tarea de aplicación de biocidas, por que se trate de productos tóxicos por inhalación, fugas de productos químicos en procesos industriales, descomposición de productos orgánicos, etc.

En los tratamientos deberán siempre emplearse los equipos de protección respiratoria adecuados, teniendo en cuenta el tipo de producto que se utilice en la aplicación y las sustancias que pudiera haber en el lugar de trabajo (residuos, restos de la sustancia almacenada, restos de procesos industriales, etc.)

6.6. Contacto/inhalación sustancias tóxicas o peligrosas

- La iluminación de los almacenes debe ser la adecuada y suficiente para no tropezar, pisar objetos almacenados o resbalar a causa de productos derramados. Para evitar golpes y caídas, los elementos deben estar correctamente almacenados y los derrames de producto se han de recoger de inmediato.
- Es fundamental la correcta ventilación de los lugares que contienen productos químicos para que los posibles vapores que puedan emanar, no perjudiquen al personal que está presente.
- La temperatura de los almacenes ha de ser la adecuada, teniendo en cuenta la temperatura de inflamación de los productos.
- En los almacenes se respetará siempre las indicaciones de "Prohibido fumar".
- Las válvulas, interruptores, cajas de fusibles, extintores, señales de advertencia, tomas de agua, equipos de primeros auxilios, etc., no deberán quedar ocultos.

- El trabajador debe tener la información de los productos y materiales que hay en el almacén. Por lo tanto, debe saber interpretar las etiquetas de los productos.
- Todos los envases deben llevar su etiqueta correspondiente.
- No se deben reutilizar los envases vacíos.
- El trabajador debe llevar la protección adecuada si ha de manipular o hacer trasvases de productos.
- La preparación de los productos solo puede realizarla la persona entrenada para tal efecto y debe protegerse con los equipos de protección recomendados.
- Asegurarse de que cerca de donde se realice el trasvase de productos exista agua corriente, para poder lavar la zona afectada, en caso de contacto con el producto.
- Al finalizar el trasvase de productos, las garrafas y envases en general deben quedar cerrados.
- Mantener lejos de los productos inflamables toda fuente de ignición como los fósforos, cigarrillos, motores eléctricos y otros artículos que generen chispas.
- Almacenar y señalizar los productos por familias compatibles; almacenar separadamente aquellos productos que pueden reaccionar entre sí y provocar incendios o explosiones. Clasificar los productos con pictogramas o señales en paredes o palets.
- Debe cumplir las recomendaciones de Seguridad e Higiene que se le marquen y debe llevar la protección personal que se requiera en cada caso.
- No se debe comer, ni beber, ni fumar ni mascar chicle mientras se manejan productos químicos.
- No debe mezclar los productos ácidos con hipoclorito o con productos alcalinos.
- Utilice cada producto para su uso, no haga un mal uso de los productos.
- Recomendaciones para no irritarse o quemarse los brazos al frotar (en el caso de productos especialmente agresivos):
    ○ no se deben utilizar productos alcalinos o ácidos en cubos para realizar acciones mecánicas manuales; se deben utilizar productos neutros y a una concentración máxima del 10%.
    ○ evitar la limpieza de zonas altas con el brazo levantado; utilizar cepillos con mango o palos telescópicos.

- o en caso de contacto de los productos con la piel o los ojos, lavar inmediatamente con abundante agua durante unos 15 minutos.
- En caso de que ser especialmente sensible a algún producto de limpieza empleado o a los producto en general debe comunicarlo a la empresa para que pueda tomar las medidas oportunas (dermatitis, asma, alergias...).

- **Fichas de datos de seguridad:** El trabajador debe recibir junto con esta ficha informativa copia de las fichas de datos de seguridad de cada uno de los productos con los que tenga que operar, así como formación teórico-práctica sobre su uso y peligros.

6.7. Primeros auxilios en casos de emergencia

En caso de accidente nunca debemos precipitarnos, tenemos que actuar con calma y controlar la situación. Los pasos lógicos a seguir son siempre:

A. Prevención de más accidentes: Hacer una rápida evaluación del entorno y identificar los posibles peligros para el accidentado, la persona que lo esta atendiendo e incluso las demás personas existentes en el recinto.

B. Los accidentados deben trasladarse a un sitio de socorro: Debemos avisar al servicio de sanidad urgente. Debemos llamar a urgencias, policía, ambulancias, etc. , e indicar muy bien y claramente el sitio y dirección donde se ha producido el accidente. También es información útil el número de accidentados y el tipo de lesión. Es muy útil verificar que la información que hemos dado se ha entendido perfectamente.

C. Para socorrer al accidentado: Debemos conocer las lesiones que presenta y establecer prioridades. El orden lógico de hacerlo es primero comprobar los signos vitales como es el estado de consciencia, la respiración y el pulso. Seguidamente pasaremos a inspeccionar el cuerpo en busca de hemorragias, fracturas, contusiones, etc. Siguiendo el orden: aspecto general, cabeza y cara, extremidades superiores, tórax, abdomen y finalmente, las extremidades inferiores.

Resumiendo, sigue la siguiente secuencia P-A-S (Proteger, Avisar y Socorrer)

Son de atención preferente los paros cardíacos y/o respiratorios, después y por orden de gravedad decreciente, las hemorragias graves, las fracturas abiertas y heridas graves, y finalmente las fracturas y heridas leves. Siempre deberá tener a la vista el nombre y dirección de la mutua a la cual deberá dirigirse en caso de sufrir un accidente laboral.

6.8. Transporte de productos químicos

Es responsabilidad del profesional que maneje el vehículo que se cumpla con la normativa ADR la cual puede resumirse en los siguientes puntos:

El personal deberá tener siempre en su vehículo:

- Manual de Operaciones actualizado
- Fichas de Seguridad de los productos que transporta actualizadas.
- Listado de productos ADR con las cantidades máximas permitidas en el transporte.
- La presente instrucción, Transporte por carretera de productos químicos IT203D00Q01
- Se dispondrá de al menos un contenedor homologado para el transporte de pequeñas cantidades de líquidos. Las cantidades de productos que se transporten no deben exceder nunca los límites establecidos "Cantidad máxima por unidad de transporte (litros/kilos)".

Deberá tenerse en cuenta las incompatibilidades químicas de los productos que van a transportarse en este contenedor colocando si es preciso separadores interiores. Los productos deberán estar etiquetados de manera correcta y legible.

El contenedor siempre tendrá colocada en el exterior la siguiente marca:

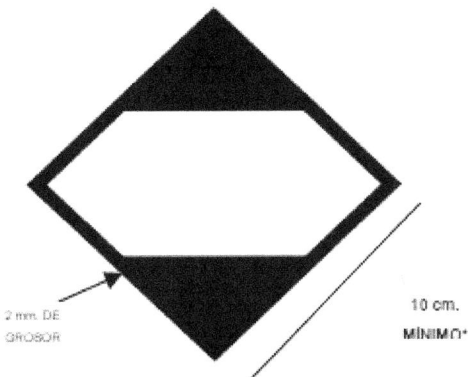

Cuando las cantidades a transportar excedan de las cantidades especificadas en la columna "Cantidad limitada para cada envase en particular (litros/kilos)" pero no excedan de las cantidades descritas en la columna "Cantidad máxima unidad transporte" del listado, el técnico deberá llevar la "Carta de porte" convenientemente cumplimentada. Si las cantidades a transportar exceden de las cifras descritas en la columna "Cantidad máxima unidad transporte" el técnico deberá llevar todos los elementos de seguridad tales cómo:

- ITV del vehículo (certificado de aprobación del vehículo)
- Fichas de datos de seguridad de los productos que se transportan
- Carnet de transportista especial ADR para el conductor
- Placas naranjas en el vehículo conforme a ADR
- Carta de porte
- Instrucciones escritas para el conductor. O sea, esta instrucción: Transporte por carretera de productos químicos.

Cuando las cantidades a transportar excedan de las cantidades especificadas en la columna "Cantidad limitada para cada envase en particular (litros/kilos)" pero no excedan de las cantidades descritas en la columna "Cantidad máxima unidad transporte" del listado el técnico deberá llevar la "**Carta de porte**"

Es responsabilidad del técnico llevar siempre que sea necesario la "Carta de porte" convenientemente cumplimentada.

Si las cantidades a transportar exceden de las cifras descritas en la columna "Cantidad máxima unidad transporte" el técnico deberá llevar todos los elementos de seguridad tales cómo:
- ITV del vehículo (certificado de aprobación del vehículo)
- Fichas de datos de seguridad de los productos que se transportan
- Carnet de transportista especial ADR para el conductor
- Placas naranjas en el vehículo conforme a ADR
- Carta de porte
- Instrucciones escritas para el conductor.

Todas las personas que realicen el transporte de mercancía peligrosa desde un lugar a otro por carretera tendrán en cuenta las siguientes recomendaciones:
- Dispondrán de los equipos de protección adecuados para realizar el transporte con la seguridad para la persona adecuada. Portarán los guantes, gafas protectoras, mono, mascarilla, botas y demás elementos de protección necesarios de acuerdo con las características del producto a transportar.
- Comprobarán que los envases están correctamente identificados, que el envase cumple las condiciones adecuadas para contener el producto peligroso y que en todo momento se conoce el producto que se está transportando.
- Se tendrá localizado y listo el kit de recogida de productos peligrosos para controlar posibles vertidos, fugas o pérdidas.
- En los casos de que se produzca contacto con el producto se tomarán las medidas adecuadas para el mismo.
- Extintor de incendios portátil adaptado a las clases de inflamabilidad A, B y C, con una carga mínima de 2 Kg de polvo (o de capacidad correspondiente para otro agente extintor aceptable.

BIBLIOGRAFÍA GENERAL

Secretaría General de Salud Pública y Participación. (2008). Legionelosis. Procesos integrados de salud pública. Sevilla: Consejería de Salud, Junta de Andalucía; 83 p.

Asociación Técnica Española de Climatización y Refrigeración (2007) Guía Técnica Torres de Refrigeración. Serie Ahorro y Eficiencia Energética en Climatización. Instituto para la Diversificación y el Ahorro de Energía. Ministerio de Industria, Comercio y Turismo. Madrid. 78p.

Marcó J, Martí S, Martín JV et al. (2006) Guía Técnica para la prevención y control de la legionelosis en instalaciones. Madrid: Ministerio de Sanidad, Consumo y Política Social; Gobierno de España.

Dirección General de Salud Pública y Participación. Sistemas de vigilancia epidemiológica de Andalucía: protocolos de alerta epidemiológica. Sevilla: Consejería de Salud, Junta de Andalucía; 2003.

Albarca S, Candau A, Cisneros JM et al. (2002). Manual para la prevención y control de la legionelosis, aspergilosis y tuberculosis en instalaciones sanitarias. Sevilla: Consejería de Salud; Junta de Andalucía; 278 p.

NORMATIVA

Consejería de Salud (2012). Decreto 60/2012, de 13 de marzo, por el que se regulan los establecimientos y servicios biocidas de Andalucía y la estructura y funcionamiento del Registro Oficial de Establecimientos y Servicios Biocidas de Andalucía. Boletín Oficial de la Junta de Andalucía nº60 (27-03): 6-19.

Ministerio de la Presidencia (2010). Real Decreto 1223/2010, de 1 de octubre, por el que se complementa el Catálogo Nacional de Cualificaciones Profesionales, mediante el establecimiento de tres cualificaciones profesionales correspondientes a la Familia Profesional Seguridad y Medio Ambiente. Boletín Oficial del Estado n° 256 (22-10): 88629-92.

Ministerio de Sanidad y Política Social (2010). Real Decreto 830/2010, de 25 de junio, por el que se establece la normativa reguladora de la capacitación para realizar tratamientos con biocidas. Boletín Oficial del Estado n°170 (14-07): 61877-89.

Consejería de Salud (2008). Decreto 298/2007, de 18 de diciembre, por el que se regulan los Establecimientos y Servicios Biocidas de Andalucía, la estructura y funcionamiento del Registro Oficial de Establecimientos y Servicios Biocidas de Andalucía, y se crea el Censo de Servicios Biocidas Reconocidos en Andalucía. Boletín Oficial de la Junta de Andalucía n°5 (8-01): 6-19.

Asociación Española de Normalización y Certificación (2008). Calidad del agua. Detección y recuento de Legionella. Parte 2: Método de filtración directa en membrana para aguas con bajos contenidos de bacterias. UNE-EN ISO 11731-2:2008. AEN/CTN 77 –Medio ambiente, AENOR. Madrid.

Ministerio de la Presidencia (2007). Real Decreto 1027/2007, de 20 de julio, por el que se aprueba el Reglamento de Instalaciones Térmicas en los Edificios. Boletín Oficial del Estado n°207 (29-08): 35931-84.

Consejería de la Presidencia (2007). Decreto 161/2007, de 5 de junio, por el que se establece la regulación de la expedición del carné para las actividades relacionadas con la utilización de productos fitosanitarios y biocidas. Boletín Oficial de la Junta de Andalucía n°122 (21-06): 9-18.

Ministerio de Vivienda (2006). Real Decreto 314/2006 de 17 de marzo, por el que se aprueba el Código Técnico de la Edificación. Boletín Oficial del Estado n°74 (28-03): 11816-31.

Asociación Española de Normalización y Certificación (2005). Guía para la prevención y control de la proliferación y diseminación de Legionella en instalaciones. UNE 100030:2005 IN. AEN/CTN 100 - Climatización, AENOR. Madrid.

Asociación Española de Normalización y Certificación (2005). Higienización de sistemas de climatización. UNE 100012:2005. AEN/CTN 100 -Climatización, AENOR. Madrid.

Consejería de Salud (2004). Orden de 2 de julio de 2004, por la que se regulan los cursos de formación del personal que realiza operaciones de mantenimiento higiénico-sanitario de las instalaciones objeto del Real Decreto 865/2003, de 4 de julio, por el que se establecen los criterios higiénico-sanitarios para la prevención y control de la legionelosis. Boletín Oficial de la Junta de Andalucía nº144 (23-07): 16422-29.

Ministerio de Sanidad y Consumo (2003). Real Decreto 865/2003, de 4 de julio, por el que se establecen los criterios higiénico-sanitarios para la prevención y control de la legionelosis. Boletín Oficial del Estado nº171 (18-07):28055-69.

Ministerio de Sanidad y Consumo (2003). Orden SCO/317/2003 por la que se regula el procedimiento de homologación de los cursos de formación del personal de mantenimiento de las instalaciones. Boletín Oficial del Estado nº44 (20-02):7017-19.

Ministerio de Sanidad y Consumo (2003). Real Decreto 140/2003, de 7 de febrero, por el que se establecen los criterios sanitarios de la calidad del agua de consumo humano. Boletín Oficial del Estado nº45 (21-02): 7228-45.

Asociación Española de Normalización y Certificación (2003). Equipo de acondicionamiento del agua en el interior de los edificios. Filtros mecánicos. Parte 1: Partículas de dimensiones comprendidas entre 80 µm y 150 µm. Requisitos de funcionamiento, seguridad y ensayo. UNE-EN 13443-1:2003. AEN/CTN 149 –Ingeniería del agua, AENOR. Madrid.

Consejería de Salud. Decreto 287/2002, de 26 de noviembre, por el que se establecen medidas para el control y la vigilancia higiénico-sanitarias de instalaciones de riesgo en la transmisión de la legionelosis y se crea el registro oficial de establecimientos y servicios biocidas de Andalucía. Boletín Oficial de la Junta de Andalucía n°144 (07-12): 23813-18.

Ministerio de la Presidencia (2002). Real Decreto 1054/2002, de 11 de octubre, por el que se regula el proceso de evaluación para el registro, autorización y comercialización de biocidas. Boletín Oficial del Estado n°247 (15-10): 36188-220

Ministerio de Ciencia y Tecnología (2001). Real Decreto 379/2001, de 6 de abril, por el que se aprueba el Reglamento de almacenamiento de productos químicos y sus instrucciones técnicas complementarias MIE APQ-1, MIE APQ-2, MIE APQ-3, MIE APQ-4, MIE APQ-5, MIE APQ-6 y MIE APQ-7. Boletín Oficial del Estado n°112 (12-05): 16838-929.

Ministerio de la Presidencia (2001). Real Decreto 374/2001, de 6 de abril, sobre la protección de la salud y seguridad de los trabajadores contra los riesgos relacionados con los agentes químicos durante el trabajo. Boletín Oficial del Estado n°104 (1-05): 15893-99.

Martí Solé MC, Alonso Espadalé RM, Constans Aubert A (2000). Exposición a agentes biológicos: equipos de protección individual. Instituto Nacional de Seguridad e Higiene en el Trabajo. NTP-571. Centro Nacional de Condiciones del Trabajo, Madrid.

Asociación Española de Normalización y Certificación (2001). Protección contra la contaminación del agua potable en las instalaciones de aguas y requisitos generales de los dispositivos para evitar la contaminación por reflujo. UNE-EN 1717:2001. AEN/CTN 149 –Ingeniería del agua, AENOR. Madrid.

Servicio Andaluz de Salud (1999). Resolución RSC 36/1999 (16-6), sobre Sistema de Vigilancia Epidemiológica en asistencia especializada.

Consejería de Salud (1999). Decreto 23/1999, de 23 de febrero, por el que se aprueba el reglamento sanitario de las piscinas de uso colectivo. Boletín Oficial de la Junta de Andalucía n°36 (25-03): 3587-97.

Ministerio de Trabajo y Asuntos Sociales (1997). Real Decreto 486/1997, de 14 de abril, por el que se establecen las disposiciones mínimas de seguridad y salud en los lugares de trabajo. Boletín Oficial del Estado n°97 (23-04): 12918-26.

Ministerio de Trabajo y Asuntos Sociales (1997). Real Decreto 773/1997, 30 de mayo, sobre disposiciones mínimas de seguridad y salud relativas a la utilización por los trabajadores de equipos de protección individual. Boletín Oficial del Estado n°140 (12-06): 18000-17.

Consejería de Salud y Asuntos Sociales (1997). Orden de 19 de diciembre de 1996, por la que se desarrolla el sistema de vigilancia epidemiológica en la comunidad autónoma de Andalucía y se establece la relación de enfermedades de declaración obligatoria. Boletín Oficial de la Junta de Andalucía n°4 (09-01): 213-16.

Berenguer Subils MJ, Gadea Carrera E (1997). Peligrosidad de productos químicos: etiquetado y fichas de datos de seguridad. Instituto Nacional de Seguridad e Higiene en el Trabajo. NTP-459. Centro Nacional de Condiciones del Trabajo, Madrid.

Consejería de Salud y Asuntos Sociales (1996). Decreto 66/1996, de 13 de febrero, por el que se constituye, en la comunidad autónoma de Andalucía, el sistema de vigilancia epidemiológica y se determinan normas sobre el mismo. Boletín Oficial de la Junta de Andalucía n°35 (19-03): 2731-34.

Jefatura del Estado (1995). Ley 31/1995, de 8 de noviembre, de Prevención de Riesgos Laborales. Boletín Oficial del Estado n°269 (10-11): 32590-611.

Ministerio de Sanidad y Consumo (1995). Real Decreto 2210/1995, de 28 de diciembre, por el que se crea la Red Nacional de Vigilancia Epidemiológica y según los criterios incluidos en los protocolos de dicha red. Boletín Oficial del Estado n°21 (24-01):2153-58.

González Villegas P, Turmo Sierra E (1988). Trabajos en recintos confinados. Instituto Nacional de Seguridad e Higiene en el Trabajo. NTP-223. Centro Nacional de Condiciones del Trabajo, Madrid.

www.ingramcontent.com/pod-product-compliance
Lightning Source LLC
Chambersburg PA
CBHW060904170526
45158CB00001B/488